大川隆法の「鎌倉でのUFO招来《しょうらい》体験」

日蓮を救《たす》けた「毬《まり》」のような「光りもの」の正体は?

Ryuho Okawa
大川隆法

JN334224

まえがき

当会の映画「ＵＦＯ学園の秘密」の上映期間中に、何者かに導かれるかのように、秋の一日、鎌倉にミニ旅行をし、その夜、ＵＦＯを著者が実際に招来した体験が生々しく語られた本である。

宇宙人との交流は主としてテレパシー能力によって行われる。霊界との交流と原理は基本的に同じである。この点、少なくとも地球圏《けん》のすべての霊人と数秒から数十秒で同通する能力を持っている私であるので、ＵＦＯは呼べるであろうと思っていた。

現実の内容は本文を参照して頂きたい。

なお、鎌倉の地でのＵＦＯ招来体験であるので、ついでながら、歴史上、日《にち》蓮《れん》が「竜《たつ》の口《くち》の法難《ほうなん》」に際して遭遇《そうぐう》したのではないかと伝承《でんしょう》されている、「毬《まり》」のような「光りもの」の正体もリーディングしてみた。

宗教ファン、ＵＦＯファン、両者が興味を持って下さるものと信じる。

二〇一五年　十月二十七日

幸福《こうふく》の科学《かがく》グループ創始者兼総裁《そうししゃけんそうさい》　大川隆法《おおかわりゅうほう》

大川隆法の「鎌倉でのＵＦＯ招来体験」　目次

大川隆法の「鎌倉《かまくら》でのＵＦＯ招来《しょうらい》体験」

――日蓮《にちれん》を救《たす》けた「毬《まり》」のような「光りもの」の正体は？――

二〇一五年十月二十三日　収録

東京都・幸福の科学　教祖殿《きょうそでん》　大悟館《たいごかん》にて

古来、釈迦《しゃか》のように悟《さと》りを開いた人には、人知を超《こ》えた六種の自由自在の能力「六神通《ろくじんずう》」〈神足通《じんそくつう》・天眼通《てんげんつう》・天耳通《てんにつう》・他心通《たしんつう》・宿命通《しゅくみょうつう》・漏尽通《ろじんつう》〉が備わっているとされる。それは、時空間の壁《かべ》を超え、三世《さんぜ》を自在に見通す最高度の霊的《れいてき》能力である。著者は、六神通を自在に駆使《くし》した、さまざまなリーディングが可能。

本書に収録された公開リーディングにおいては、霊言や霊視、「タイムスリップ・リーディング（対象者の過去や未来の状況《じょうきょう》を透視《とうし》する）」「リモート・ビューイング（遠隔《えんかく》透視。特定の場所に霊体《れいたい》の一部を飛ばし、その場の状況を視《み》る）」「マインド・リーディング（遠隔地の者も含《ふく》め、対象者の思考や思念《しねん》を読み取る）」「ミューチュアル・カンバセーション（通常は話ができないような、さまざまな存在の思いをも代弁して会話する）」等の能力を使用している。

大川隆法の「鎌倉《かまくら》でのＵＦＯ招来《しょうらい》体験」

―日蓮《にちれん》を救《たす》けた「毬《まり》」のような「光りもの」の正体は？―

二〇一五年十月二十三日　収録

東京都・幸福の科学　教祖殿《きょうそでん》　大悟館《たいごかん》にて

質問者

大川《おおかわ》紫央《しお》（幸福の科学総裁補佐）

酒井《さかい》太守《たいしゅ》（幸福の科学宗務《しゅうむ》本部担当理事長特別補佐《ほさ》）

斎藤《さいとう》哲秀《てっしゅう》（幸福の科学編集系統括《とうかつ》担当専務理事　兼《けん》
ＨＳＵ未来創造学部芸能・クリエーターコースソフト開発担当顧問《こもん》）

［役職は収録時点のもの］

1　日蓮《にちれん》の「竜《たつ》の口《くち》の法難《ほうなん》」を偲《しの》び鎌倉《かまくら》を訪《おとず》れる

休養のために妻と二人で訪《おとず》れた鎌倉《かまくら》

大川隆法　今日は二〇一五年十月二十三日で、今は、午後四時一分になります。

私は、昨日《きのう》から鎌倉《かまくら》のほうに行っていて、今日、鎌倉駅から電車に乗り、今からちょうど一時間半ぐらい前に帰ってきたところです。

「（本収録は）明日《あした》にしようか」と思っていたものの、記憶《きおく》がどんどん薄《うす》れていくこともあるので、「まだ鮮明《せんめい》なうちに話をしておいたほうがいいかな」と考えて、「本日、収録しよう」ということになりました。

実は、昨日、「少し疲《つか》れも溜《た》まったので、一日ぐらい休みを入れようか。夫《ふう》婦《ふ》で鎌倉方面にでも行ってみよう」ということになり、秘書も連れず、例によって、眼鏡《めがね》と帽子《ぼうし》程度の単純な変装をして、二人で出かけてきたのです。

昔、私は鎌倉に行ったことがありますが、北条政子《ほうじょうまさこ》のお寺には行ったことがありませんでした。今回は、主として、そちらに引っ張られ、北条政子のお墓《はか》があるという、めったには行かないようなところを少し見たりもしたのですが、かなり山道《やまみち》を歩かされたのです(笑)。

それから、有名な鶴岡八幡宮《つるがおかはちまんぐう》にも寄ったり、鎌倉の大仏などもチラッと覗《のぞ》いたりしましたが、修学旅行生が多かったですね。

鎌倉・江の島マップ

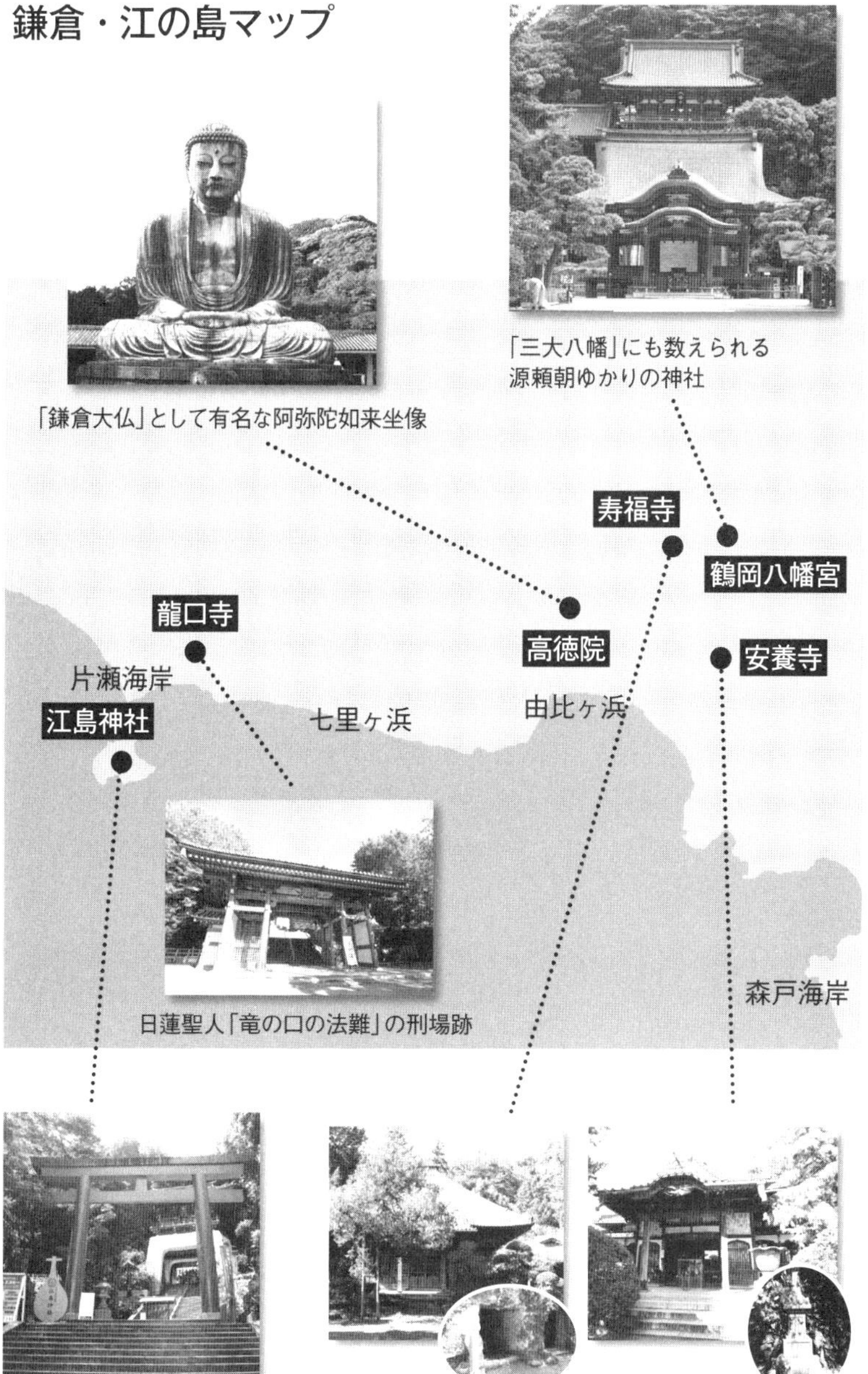

「鎌倉大仏」として有名な阿弥陀如来坐像

「三大八幡」にも数えられる
源頼朝ゆかりの神社

日蓮聖人「竜の口の法難」の刑場跡

日本三大弁財天を祀る神社

それぞれ「北条政子の墓所」と伝わる五輪塔のある寺

日蓮《にちれん》の「竜《たつ》の口《くち》の法難《ほうなん》」があった龍口寺《りゅうこうじ》

大川隆法　さらに、そのあと、龍口寺《りゅうこうじ》という、日蓮《にちれん》の「竜《たつ》の口《くち》の法難《ほうなん》」があったと言われるところにも行きました。

そこには、日蓮の、いわゆる「南無妙法蓮華経《なむみょうほうれんげきょう》」の有名な〝蛇字《へびじ》〟を模写《もしゃ》したと思われるような看板や柱などが何本か立っていましたし、「日蓮が一晩《ひとばん》泊《と》め置かれた」という土牢《つちろう》も見てきたのです。

当初は、龍口寺までの予定だったのですが、「そういえば……」と、竜の口の法難について、思い出しました。

当時、ここは処刑場《しょけいじょう》になっていたのですが、「日蓮が座《すわ》らされ、刀を振《ふ》り上

日蓮聖人の「竜の口の法難」ゆかりの龍口寺

龍口寺本堂。ここに祀られている「敷皮石《しきかわいし》」は、日蓮聖人が処刑時に座らされた敷石とされる。法難後、弟子がその敷皮に日蓮像を載せて祀ったのが龍口寺の起こりと伝わっている。

日蓮聖人像

龍口刑場跡。日蓮聖人真筆による曼荼羅御本尊の「南無妙法蓮華経」の文字を模刻した碑が立つ。

本堂脇の御霊窟は、「竜の口の法難」のとき、斬首の執行前に日蓮聖人が一晩入れられていたとされる土牢。現在では、このなかに日蓮像が安置されている。

本堂左側の妙見堂には、法難の光松の木で彫られたと伝えられる妙見菩薩像を安置。妙見菩薩は、こぐま座の北極星を神格化した存在（北辰）とされ、天御中主神とも習合して祭神として祀られることがある。

げられ、処刑されそうになったときに、江《え》の島《しま》の方面から、『毬《まり》のような光りもの』が飛んできて、みなそれに驚《おどろ》き、処刑ができなくなった」と言われています。また、一説によれば、「日蓮の首を斬《き》ろうとした刀がバラバラに折れた」という説も出ています。

どこまで正確かは分かりませんが、少なくとも、処刑が中止になったことだけは間違《まちが》いのない歴史的な事実です。

私がこの話を読んだのは学生時代で、古本屋で〝古《こ》文書《もんじょ》〟を見つけて読んだのですが、それは挿《さ》し絵などが入っているようなものでした。江の島の方面から、

鎌倉・由比ヶ浜方面を望む。

「毬のような光りもの」が飛んできたため、武士がびっくりして斬れないでいるところなどが描《えが》かれていたのです。

　そして、幕府のほうから急使《きゅうし》、馬に乗った使者が走ってきて、「死刑、待った！　お坊《ぼう》さんの首を斬るのは縁起《えんぎ》が悪いから、日蓮は島流しに変える」ということになりました。

　日蓮は、『立正安国論《りっしょうあんこくろん》』を書いており、政治的には過激派であって、現在で言えば極右《きょくう》に近く、明治維新《いしん》で言うと攘夷《じょうい》の立場です。

　要するに、明治維新で起きた攘夷論者の走《はし》りのよう

なものであり、「元寇《げんこう》が来るから打ち払《はら》え」というような強硬《きょうこう》な意見を書いて、『立正安国論』を幕府に二回、提出しています。

それで迫害《はくがい》が身に及《およ》んできたわけですが、(竜の口の法難の際は)「やはり、お坊さんの首を斬るのは問題がある」ということで、そこで止まりました。

ただ、これには、どこまでフィクションが入っているか分からないところがあります。日蓮は『法華経《ほけきょう》』を信奉《しんぽう》し、「『法華経』一本で行け」という教えを説いていましたが、その『法華経』のなかには、一部分の章として、『観音経《かんのんぎょう》』という、観世音菩薩《かんぜおんぼさつ》の功徳《くどく》を説いている〝功徳品《ぼん》〟があるのです。

そして、このなかには、「観音を信仰《しんこう》していれば、いろいろな災難から逃《のが》れられる。火難《かなん》、水難《すいなん》、盗賊難《とうぞくなん》、刀杖難《とうじょうなん》、つまり、刀で斬られる難からも逃れられる」ということが書かれていますし、「首を斬られようとしても、その刀が

●元寇　中国を統一していたモンゴル帝国(元朝)とその属国であった朝鮮半島の高麗によって行われた二度の日本侵攻(文永の役〔1274年〕、弘安の役〔1281年〕)。主に九州北部が戦場となり、日本武士の応戦および「神風」と呼ばれる台風によって、元・高麗連合軍は甚大な被害を受けて撤退した。

バラバラになって砕《くだ》け散る（刀尋《とうじん》段段壊《だんだんね》）」というようなことまで、はっきり書いてあります。

そのため、竜の口の法難については、いちおう、それに重ね合わせているだけかもしれません。シチュエーション的に、ドラマチックに書いてあるので、「本当に刀がバラバラになったかどうか」は分かりませんが、少なくとも、処刑されそうになり、それが中止に

「竜の口の法難」は、日蓮聖人の生涯を表す絵伝として、さまざまなものが描かれている（歌川国芳画「高祖御一代略図　相州龍口御難」／大英博物館蔵）。

なったことは歴史的事実でしょう。また、小さな土牢に一晩放り込《こ》まれたのは間違いないと思います。そのあと、最終的に日蓮は、佐渡《さど》に島流しになりました。

小さなオーシャンビューのホテルで「UFO招来《しょうらい》」を試みる

大川隆法　そのようなことを思い出したため、「予定はしていなかったけれども、やはり、江の島まで行ってみようか」という話になって、江の島まで行ってみたのです。ただ、北条政子の墓巡《めぐ》りを

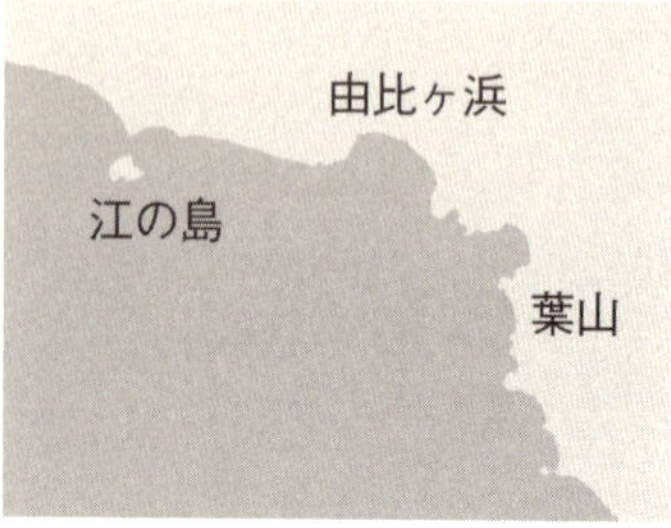

江の島から葉山までは約9キロの距離。

して、足がくたびれていたので、さすがに全部は回れず（苦笑）、参道ぐらいまでで諦《あきら》めたのですが、いちおう、江の島の位置を確認し、「ここから、あのあたりだね」というようなことを見て帰りました。

そして、葉山《はやま》のほうに近い、小さなホテルに入ったのです。海が見えるオーシャンビューの部屋だったので、昼間は、波打ち際《ぎわ》でサーフィンをしたり、いろいろしているところが見えました。今の時期は、泳ぐ人はあまりいないけれども、由比《ゆい》ヶ浜《はま》のほうから葉山のほうまで、サーファーがズ

葉山の海岸から江の島方面を望む。

ラッとおり、また、ヨットもたくさん出ていました。釣《つ》りをしている人も一部いましたが、そのような風景が見える、オーシャンビューの三階の部屋だったのです。

そこで、夕方からご飯《はん》を食べて、お腹《なか》いっぱいになって動けないでいたのですが（笑）、総裁補佐《ほさ》のほうから、「せっかく海岸まで来たし、ここから空が見えるじゃないですか。ここなら、UFOを呼んでも、何も問題ないでしょう。呼べるのではないですか。呼んでください」と、矢のような催促《さいそく》がずいぶんありました。

酒井　（笑）

大川隆法　私は、「ちょっとお腹が苦しいから、少し待ってくれるか。消化が進んでからにしたいので」と言い、夜八時近くになってようやく少し楽になってきたので、「では、そろそろ呼んでみようか」ということになったのです。

2　江《え》の島《しま》上空に二度にわたり現れたＵＦＯ

一分もかからず〝近場《ちかば》にいるＵＦＯ〟を呼び寄せた方法とは

大川隆法　まだ、そんなに寒くはなかったため、テラスに出て、椅子《いす》もあったのでそれに座《すわ》り、「呼んでみるか」ということで、やってみました。

ところが、呼び始めると、なんと一分もかからずにＵＦＯが出てきたのです。あまりに早いので、私のほうがびっくりしました。

最初は、「どこかのテレビ局の番組でやっていたように、『ウォン、ウォン、

ウォン、ウォン……』と、二時間ぐらい言わなければいけないんじゃないか。けっこう大変なんじゃないか」と思っていたのです（笑）（会場笑）。

また、夜八時ちょっと前ぐらいから始めたのですが、実は、八時半からマッサージの予定を入れていたため、八時半までに終わらせなければならず、「早く来てくれないとマッサージができなくなるな」と思っていたのですが、一分ぐらいで現れました。

私は、「ウォン、ウォン、ウォン……」とは言わず、「近場《ちかば》にＵＦＯがいたら、どうか来てください」と声に出して言ったのです。

ただ、海に向かったオーシャンビューの部屋が四部屋並んでいることもあり、あまり大きい声を出すと、隣《となり》の部屋の人が顔を出してくる可能性がありました。

そのため、「あまり声を出してはいけない」と思い、あとは、心のなかで、「もし、近くにＵＦＯがいたら出てきてください。姿を現してください」と念じたのです。このときは、どこの星のＵＦＯかを特定はせずに、「近場にいたら出てきてください」と呼びました。

ちょうど真正面のほうを見ると、「海と浜辺《はまべ》を横切っていけば、江《え》の島《しま》が見える」という方向であり、やや左側のほうに月が見えたのです。八時ごろでしたが、三日月《みかづき》までなっていない、左側が半分ぐらい欠《か》けている半月《はんげつ》が、まだ煌々《こうこう》と輝《かがや》いて出ていました。ただ、あちこちに少し雲があり、「月に照らされながら、雲の合間《あいま》は晴れている」というような状況《じょうきょう》ではあったのです。

江の島方面上空に現れた４機のUFO（再現イメージ図）。

数機のＵＦＯが現れていた「時間」と「位置」を確認する

大川隆法　ＵＦＯが出てきたのは、「呼び始めて一分以内だったかな」と、二人で話したのですが、「（上空を見上げながら）出ないかなあ」「（上空を指さしながら）あれはなんだろう？」というような感じで見ていたのです。

最初に現れたときには、「星かなあ」と思ったものの、「いや、これは星ではない」と感じました。動き方が全然、違うからです。例のジグザグの動き方をしたり、上がったり下がったりするような動き方をしていました。

いちばんはっきりと見えたときで、「四機のＵＦＯ」が出てきましたが、部分的には、小さく、うっすらと見えたものもいたので、もう少しいた可能性はあります。また、雲が背景にあったので、雲の合間から降りてこなければ見えない状況ではありました。

私は、時間的に十五分以上は出ていたと思うけれども、（大川紫央に）どうですか。

大川紫央　そうですね。十五分……。

大川隆法　八時半にはマッサージが始まっているから、それまでに終わらなければいけなかったので……。

大川紫央　十五分から二十分ぐらいは出ていたと思います。

大川隆法　十五分から二十分ぐらいは出ていましたよね。

だいたい、主として四機と思われます。

そのときは、まだ、どこのＵＦＯかは突《つ》き止めていませんでしたが、「とにかく、急いでいるので、近場にいないと駄目《だめ》だから、近場のＵＦＯよ、出てこい」ということで呼んだわけです。

ＵＦＯが現れた位置としては、江の島の上のほうにもいたし、真上のほうにも少しいたので、葉山《はやま》の上空あたりに当たる部分にもいたのでしょう。

私が見ていた感じでは、目測《もくそく》で、だいたい四、五百メートルぐらいの高さかなと思います。比較《ひかく》するものがないのでよく分からないのですが、五百メートルぐらいかと思うのです。そのうちの一機は、もう少し高くて、八百から千メートルぐらいのところかもしれませんが、「だいたい、五百メートルぐらい」という感じでした。

今朝《けさ》、夜が明けてから、山の高さや、ヘリコプターが飛ぶ高さを見てみたのですが、ヘリコプターは、だいたい百から二百メートル上を飛んでいたので、「五百メートルぐらいまで」という目測は、おそらく当たっているのかなとは思っています。

ヘリコプターとは明らかに違《ちが》う動きを見せたＵＦＯ

大川隆法　その四機を見ている間にも、それらと比較できるものとして、ヘリコプターが飛んできました。

江の島の近くには自衛隊の基地があるので、ヘリコプターとの混同はありうるのですけれども、ヘリコプターは水平に飛ぶので、側面がはっきりと分かりますし、夜には、頭のほうと尾翼《びよく》の二カ所のライトが点滅《てんめつ》しながら動いていくため、「速さ」まではっきりと分かります。ヘリコプターはスーッと左のほうから飛んでいったので、その四機はそれよりも高いところにいたことも間違《まちが》いありません。

それから、別のヘリコプターが、先ほどとは反対側の右のほうから、もう少し高めのところを飛んできて、その四機のうちの一機にわりあい近いところまで行ったのですが、それにはそのまま気がつかずに通り過ぎていきました。私は「ぶつかるかな」と思ったのですが、その一機はヘリコプターの上のほうでフワッと浮《う》いていたのです。

ヘリコプターの動き方は〝真っ直《す》ぐ〟なので、やはり、見間違いをすることはないと思います。（ＵＦＯのほうは）上下に動いたり、ちょっと左右に動いたりしていたため、ヘリコプターと間違えることはなかったはずです。

ただ、次の予定があったので、わたわたしていて、「もう、このへんで」ということで、そのときはいったん終わりにして、「もし、嘘《うそ》か本当か知りたかったら、もう一回やってみてもいいね」と話していました。

二度目は、「特定の星のもの」に絞《しぼ》ってＵＦＯの招来《しょうらい》を試みた

大川隆法　その後、マッサージを受けまして、午後九時四十五分ぐらいに終わってからしばらくはボーッとしていたのですが、「じゃあ、もう一回呼んでみ

ようか」ということになり、十時ちょっと前ぐらいから始めました。

前回は月が出ていて、雲の切れ間《きま》がよく見えていたのですが、その二時間半ぐらいの間に、少し雲が広がっていて、低いところまで雲が下りてきており、下のほうにはずいぶん霧《きり》が出てきていたので、視界《しかい》がだいぶ悪くなってはいました。初めのうちは月も見えていて、細長《ほそなが》い雲が少しだけある程度だったのですが、だんだん雲の量が増えてきて、月が見えなくなるぐらいまでになってきたのを見て、「ああ、これでは無理かな。見えないかもしれないね」とも話していました。

ただ、先ほどは「近くにいるもの、出てこい」と、不特定に呼んだので、「いるかいないかは分からないけれども、今度はどこか特定して呼んでみようか」ということになり、最初はプレアデス系のものを呼んでみたのです。

●リエント・アール・クラウド（約7000年前）　南米の古代インカの王。当時、アンデス山に飛来していた悪質宇宙人から民を護った。地球神エル・カンターレの魂の分身の一人であり、天上界において、他惑星との交流に関して責任を負っている。

「リエント・アール・クラウドの名において呼びます。プレアデス、出てきなさい」と呼んでみたものの、何も出てきません。「プレアデスはいない？しかたがないな」ということで、次にベガを呼んでみました。ところが、それでもまだ反応がなく、「次、ケンタウルスα《アルファ》」「ウンモ！」などと呼んでいたのですが、雲が多かったからか、やはり、よく見えませんでした。さすがに、「これは、今日は駄目《だめ》かもしれないな」と言っていたのです。

そこで、クラウドに、（心のなかで）「二回目は無理でしょうかね」と訊《き》いたところ、「いや、今、一機飛んできている。ベガ星のものが一機こちらに向かっているから、ちょっと待て」と言うので、待っていました。

そうすると、葉山の上空にやや近いところの雲の合間から降りてくるのが見えたのです。そのときの高さは、数百メートル以上はあったかと思います。や

●ケンタウルス座α星　ケンタウルス座α星には、科学を重視する種族と信仰を大切にする種族がいた。ラ・ムーの時代に大船団で地球に飛来している。
●ウンモ星　地球から約14.5光年の距離にあるといわれる謎の星。

無限大（∞）の文字を描きながら動いていたUFO。

やオレンジ色がかった赤みのあるものでしたが、星などとは運動の仕方に明らかな違いがありました。

最初はリボンの形のような動き方をしているように見えたのですが、もう少しよく見ると、「∞（無限大）」の記号のような動き方をしていたのです。

それで、「こういう動き方というのは、普《ふ》通《つう》は起こらないよね。これは、ヘリコプターではないし、星が∞のかたちで動くということもありえないから、ＵＦＯの動き方だろう。これがベガ星のものか」という話になったわけです。

「ただ、なぜ∞なんだろうね。『映画の動員数∞』と言っているのかなあ。『ちょっと気合いが入っていないのではないか』と言われているんじゃないだろうか」などと、それを見ながら話していました（二〇一五年十月十日公開映画「ＵＦＯ学園の秘密」）。

また、それまでに、総裁補佐《ほさ》から宗務《しゅうむ》本部のほうへメールを二回ほど送ったようです（転法輪蘭《てんぽうりんらん》総裁補佐代理、酒井太守《さかいたいしゅ》宗務本部担当理事長特別補佐、武《たけ》田亮《だりょう》宗務本部長の三人）。「見たときに送っておいたほうがいいだろう」ということで送ったのですが、それぞれから、「面白《おもしろ》いですね」というような返事が来ていたと思います。

私が見たのは、そんなところです。

用心深《ようじんぶか》い距離《きょり》の取り方をして、証拠《しょうこ》を撮《と》らせなかったUFO

大川隆法　（大川紫央に）何か補足《ほそく》がありましたら……。

大川紫央　スマートフォンの動画機能を使って録画をしてみたのですけれども、けっこう上空だったのか、目視はできても、これには

鎌倉でのＵＦＯ招来体験について語る、大川紫央総裁補佐。

映《うつ》りませんでした。証拠《しょうこ》を撮《と》れずに申し訳なく思っています。

大川隆法　やはり、もう少し望遠のものでないと、きつかったんでしょうね。

大川紫央　そうですね。専門のカメラがあれば……。

大川隆法　もう少しズームアップができないと……。でも、やはり、距離《きょり》の取り方は用心深《ようじんぶか》いですね。

大川紫央　ええ。総裁先生が、「もう少し降りてきてください」とか、いろいろとおっしゃっていたのですけれども、なかなか難しかったようです。

大川隆法　やはり、普通の人には気がつかれないような出方《でかた》をしていますよね。

酒井　ああ、そうですね。

大川隆法　「来ているのを黙《だま》っていたら、何も見えないか、星ぐらいにしか見えないけれども、よく見ると、動き方が違うのが分かる」というような動き方をするので。

江の島からはどのくらい距離があったでしょうか。やはり、十キロメートルはあったでしょうかね。

大川紫央　うーん。けっこう……。

大川隆法　でも、上空だったので、直線距離はそれほどなかったかな。

大川紫央　高さはけっこうあったように思いますね。

大川隆法　高さはありました。その高さが測《はか》りきれなかったのですが、今朝、ヘリコプターが飛んでいるのを見たら、百メートルから二百メートルぐらいのところを飛んでいたので、それと比べてみても、だいぶ上だったので……。

大川紫央　そうですね。ヘリコプターよりはだいぶ上でした。

大川隆法　上のほうでしたね。

ですから、やや用心深いというか、やはり、〝すぐ消えられる〟あたりのところに出てはきました。「出てきても、雲に隠《かく》れようと思えば隠れられる」というところでしょうか。

3　幸福の科学に頻発《ひんぱつ》するＵＦＯ目撃《もくげき》体験

講演前後に遭遇《そうぐう》した三回のＵＦＯ体験

大川隆法　私自身、ＵＦＯ体験はこれが初めてではありません。
以前、横浜《よこはま》アリーナで講演会を行った際（二〇一〇年十二月四日のエル・カンターレ祭〔毎年十二月に行われる、幸福の科学二大祭典の一つ〕での法話《ほうわ》「『世界宗教入門』――『地球人』へのパラダイムシフト――」）、前泊《ぜんぱく》したホテルで夕方、ラウンジで秘書と一緒《いっしょ》にお茶を飲んでいたところ、窓の外には、やはり低いところに雲が垂れ込《こ》めていて、雲間《くもま》からＵＦＯが二機ぐらい出たり入ったりしているのを見ました。「おっ、あそこに飛んでいるじゃないか」というような感じで見たことはあります。

また、よく知られている話としては、横浜アリーナでの講演が終わったあとに、百機ぐらいのＵＦＯフリート（艦隊《かんたい》）が出ています（注。当日、会場から出た聴衆《ちょうしゅう》数千人が同時に目撃《もくげき》した。後日、そのＵＦＯはプレアデスやベガ、ケンタウルスα《アルファ》、ウンモ等によるものと判明。『地球を守る「宇宙連合」とは何か』（幸福の科学出版刊）参照）。

さらに、沖縄《おきなわ》での説法《せっぽう》（二〇一〇年三月十四日、「カルマとの対決」（沖縄正心館《しょうしんかん》にて））では、質

『地球を守る「宇宙連合」とは何か』
（幸福の科学出版）

講演会前後に遭遇したUFO体験の例

2010年3月14日、沖縄講演会の帰りの飛行機から撮影。全長約200メートルの細長い影が、鹿児島から名古屋付近まで飛行機と並走を続けた。

2010年12月4日、横浜講演会の終了直後、会場上空にUFOフリートが出現し、帰途につく聴衆数千人が同時に目撃。その模様がマスコミでも取り上げられた。

疑応答で宇宙人関連の質問を受けたあと、帰りの飛行機で、灰色がかった半透《とう》明《めい》で全長二百メートルほどの「母船」と思われるものに、鹿児島《かごしま》から名古屋《なごや》まで、ずっとついて来られました。それが名古屋で消えるところまで見ましたし、撮影《さつえい》した写真にも、それらしく半透明のように写ってはいたのです。

そこで、羽田《はねだ》空港で迎《むか》えてくれたＪＡＬ《ジャル》の人にも訊《き》いてみたのですが、「うーん、分かりません」と言われてしまいました。「これは飛行機の影《かげ》でしょうか。写真には灰色に写っているし、細長《ほそなが》いから、飛行機の影でも雲に映っているのでしょうか」と訊いてみても、「飛行機の影は機体の横のほうの雲には映りません。下の雲には影が映りますが、横に映ることはありません。太陽の位置から考えれば、それはないと思います」ということだったので、飛行機の影ではないようです。

まあ、それはそうでしょう。そのときに見ていた方向は、影ができる反対側の方向でした。つまり、太陽側の雲に、半透明のものがずっとついて来ていたんですね。

名古屋まで来たところで、長さ二百メートルぐらいだったものが、急に半分ぐらいになり、しばらくはそのままでいましたが、最後はパッと消えてしまいました。そのときも、説法のなかで宇宙人の話をしたので、それで来たのではないかと思ったりもしています。

このように、経験としては幾《いく》つかないわけではありませんが、今回は、明らかに、「呼ぼうとして呼んでみて、来た」のは事実ですし、さらには、指名《しめい》して呼んだところ、いちおうベガ（星からのＵＦＯ）が来てくれたわけです。そういう意味では、テレパシー的なもので呼べるということは分かりました。

UFOは「インビジブル・モード」を使って用心深く動いている？

大川隆法　ただ、けっこう用心はしているという感じでしょうか。あの動き方から見ると、どうなのでしょう。やはり、地球人というのは、すぐに捕獲《ほかく》したり、悪さをしたりするように見えるのでしょうか。

酒井　そうですね……。

大川隆法　「バッタでも何でも、子供に捕《つか》まったら、もはや終わり」という、あんな感じにちょっと近いんでしょうか。あるいは、明らかに物体としての姿を現したら、いろいろな人が騒《さわ》いで、近くに飛んできたりするのも困るのかもしれません。

それから、昨日《きのう》、見ていて思ったのは、「ビジブル（可視《かし》）のものもあるけれども、インビジブル（不可視）・モードのものもけっこうあるのではないか」ということです。雲が出ているときには、それがよく〝使える〟ような感じには見えました。

二回目は、一機しか見えませんでした。ただ、最初は、出ていた月が雲に隠《かく》れていったんですが、その雲のほうに〝もう少し大きいもの〟がいるような感じに、私には見えたんですよ。かなり、インビジブルにできるのではないかなという感じはありましたね。

街中《まちなか》ではなかなか現れないＵＦＯ

大川隆法　（大川紫央に）ほかには、どうでしたか。

大川紫央　確かに、私は、今までＵＦＯを目撃したことがなかったのですが、今回、総裁先生に「あれ、ＵＦＯだよ」と言われて見てみたら、本当に「不規則な動き」をしていました。しかし、一見《いっけん》すると、「星」に見えてしまうんです。本当はたくさんいるのでしょうが、一見、星に見えるような感じなので、今までは見過ごしてきたのかなと思いました。

大川隆法　まあ、「ずっと上を見ている」というのは、なかなかできないですからね。街中《まちなか》では、ちょっと無理でしょう。

なお、（鎌倉《かまくら》でＵＦＯが現れたことを）第一報として大悟館《たいごかん》に入れたら、（聴衆を指して）こちらの方も、一生懸命《いっしょうけんめい》、空に向かってＵＦＯを呼んでみたようですね。屋上《おくじょう》からなのか、どこからなのかは知りませんが、「呼んでみたけれども、来なかった」と聞きました。

（聴衆に向かって）どこで呼んだのですか？　屋上ですか？

転法輪　部屋からです。

大川隆法　部屋の窓から呼んだの？　ちょっと横着《おうちゃく》しましたね（笑）（会場笑）。

部屋の窓からでは、若干《じゃっかん》あれだったかな。

とはいえ、街中は難しいことは難しいですね。そんなにすぐに見つかるような感じだと、降りてきにくいのでしょう。

確かに、（探すほうとしても）ほかの灯《あか》りが多いから、分かりにくいですよね。

ただ、海岸のようなところだったら、障害物がないですし、ＵＦＯも逃《に》げるのが楽ですからね。やはり、レーダーなどに長時間映ると危険なのでしょう。「物質化モード」のときにはレーダーに映る可能性があるので、あまり長い時間は出られないのだろうと思うんです。

要するに、「不明確なあたりで退《ひ》く」ということでしょうか。まあ、近づいてきても、目視《もくし》できるところまでは、なかなかいてはくれないというのが普通《ふつう》なのかもしれません。
もう少しグアーッと来て、目の前まで降りてくれるといいのですが、そんなに親切ではないということですよね。

酒井　うーん。

大川隆法　やはり、〝猿《さる》を釣《つ》るバナナのような獲物《えもの》〟は、なかなかないということでしょう。
とにかく、夜にＵＦＯがすごく来ましたから、驚《おどろ》きではありました。

大川紫央　そうですね。先生が呼ばれるとすぐに来ました。

大川隆法　「ウォン、ウォン」を二時間もやらなくてよかったです（会場笑）。

酒井　「一分で来た」ということは、「近くにいた」ということでしょうか。

大川隆法　最初は、〝近場の人〟を呼んだのです。「近くの宇宙人、来てください」と頼《たの》みました。どこの星から来たのか、特定までは行かなかったのですが、とりあえず、一生懸命、追っていたのです。

ただ、すごい速度で動くので、「近く」といっても、どのあたりまで入っているのかは分かりません。まあ、日本の上空近くには、たくさんいるのだろうとは思います。

酒井　そうですね。二回目に「星を特定して呼んでも、なかなか来なかった」ということは、別の星のＵＦＯがそのあたりにいたということかもしれません。

大川隆法　（どこの星かは）すぐには分からないということですね。ただ、「何でもいいから、近くにいるやつ、出てこい」と言ったら、出てきました。それはもう、速かったですね。

酒井　そうですか。

「ＵＦＯ招来」をした日の夜中に起きた不思議な現象

大川隆法　あとは夜中に、少し〝怪《あや》しげ〟なことが……。
あなた（大川紫央）は、いちおうアブダクションを恐《おそ》れていたのでしょう。

大川紫央　ＵＦＯをたくさん呼んだので、少し怖《こわ》くなってしまいました。

大川隆法　「〝挨拶《あいさつ》〟に来るかも」と、心配はしていたようですね。

大川紫央　念のため、窓側に受持《じゅじ》型の御本尊《ごほんぞん》などを置いて寝《ね》ました。

大川隆法　（笑）

大川紫央　ところが、十二時過ぎぐらいになって、先生も私も寝ていたのに、・・・いきなりテレビがついたのです。

斎藤　ええっ！

酒井　ええっ（会場どよめく）。

大川隆法　あれはちょっと怖かったね。

大川紫央　ものすごくびっくりしました。

斎藤　普通、テレビは勝手につかないですよね。

大川隆法　突如《とつじょ》、ついたんですよ。

大川紫央　寝室《しんしつ》のほうのテレビは、画面はつかずに、「音声だけ」が流れていました。

大川隆法　そうそう、私はてっきりラジオだと思ったのです。

大川紫央　消そうとしたのですが、いくらやっても消せませんでした。それから、隣《となり》の部屋のテレビは、画面もついていたのです。

酒井　二つの部屋にあるテレビが、両方ともついたわけですね。

斎藤　片方はテレビの音だけが聞こえたんですか？

大川隆法　ええ、寝室のテレビのほうは、「音だけ」が急にかかったのです。

酒井　画面がついていない状態ですね。

大川隆法　そうです。そして、ご飯《はん》を食べたりする、リビングになっているところのほうのテレビは、画面もついていました。
でも、それはありえないことですよね。

酒井　そうですね。

斎藤　ちなみに、部屋の鍵《かぎ》はかけていたのでしょうか？

大川隆法　当然です（笑）（会場笑）。

斎藤　すみません（苦笑）。

大川紫央　テレビの音が共通で聞こえる部屋なので、つながっていると思うのですが、それにしても、テレビが急についたので……。

大川隆法　テレビには誰《だれ》も触《さわ》っていないはずですよ。いきなりついたので、ポルターガイスト（騒霊《そうれい》現象）と認定してもいいぐらいの感じではあります。テレビがついて、なかから人が出てきたら、〝貞子《さだこ》〟になるかもしれませんね（会場笑）。

どうしてテレビがついたのでしょうかね。

大川紫央　ちょっと突然だったので、びっくりしました。タイマーというわけでもないですし……。

大川隆法　それはないでしょう。そもそも、昨日はテレビのスイッチを入れませんでした。使っていなかったわけです。

大川紫央　そうですね。

夜中に総裁補佐《ほさ》を刺《さ》した蚊《か》やベランダにいたナメクジも〝宇宙人〟？

大川隆法　ただ、夜中にあなた（大川紫央）は、四カ所も蚊《か》に刺《さ》されましたよね。まあ、窓を開けて外へ出たためかもしれませんが。

酒井　それは蚊が悪いんでしょうけれども（笑）。

大川紫央　蚊に刺されて目が覚めました（笑）。

大川隆法　十月の二十二日なのに、蚊に刺された……。

大川紫央　あるいは、蚊が〝宇宙人〟だったとか（笑）。

酒井　それは小型グレイですか？

大川紫央　あと、ベランダにナメクジが一匹《ぴき》いました。

大川隆法　ナメクジも一匹這《は》っていましたね。

そういえば、最近のリーディング（霊査《れいさ》）では、ナメクジ型宇宙人が登場しました（笑）（会場笑）（注。二〇一五年九月二十五日に収録した「宇宙人体験リーディング」のなかで、ナメクジ型宇宙人が当会の職員に接触《せっしょく》していたことが判明した。『宇宙人体験リーディング』（幸福の科学出版刊）参照）。

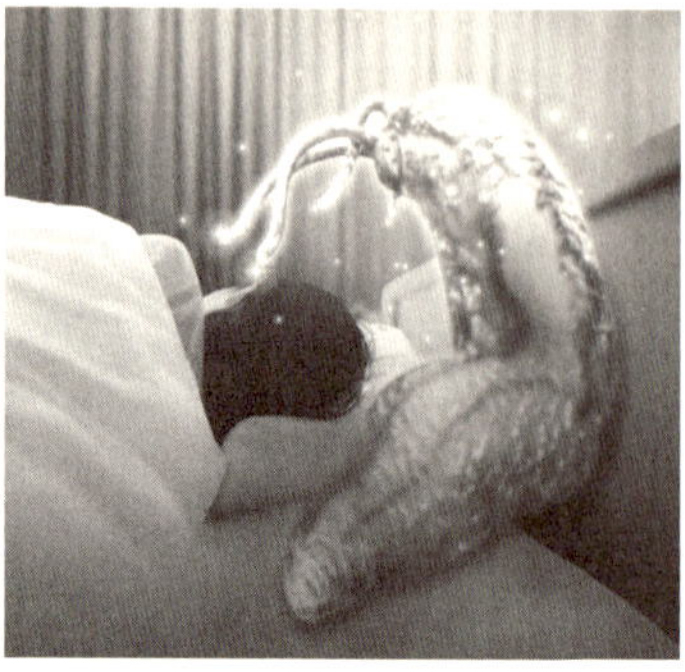

『宇宙人体験リーディング』（幸福の科学出版）には、眠っている人の患部を調べ、医療を施すというナメクジ型宇宙人が登場。

酒井　そうですね（笑）。それも調べないといけないいかもしれません。

大川隆法　なかに入ろうとして、動いていたのでしょうか。

斎藤　ハイテクノロジーのナノ型ロボットとか……。

酒井　ああ、ナノ型ですか。

最先端科学におけるナノテクノロジー

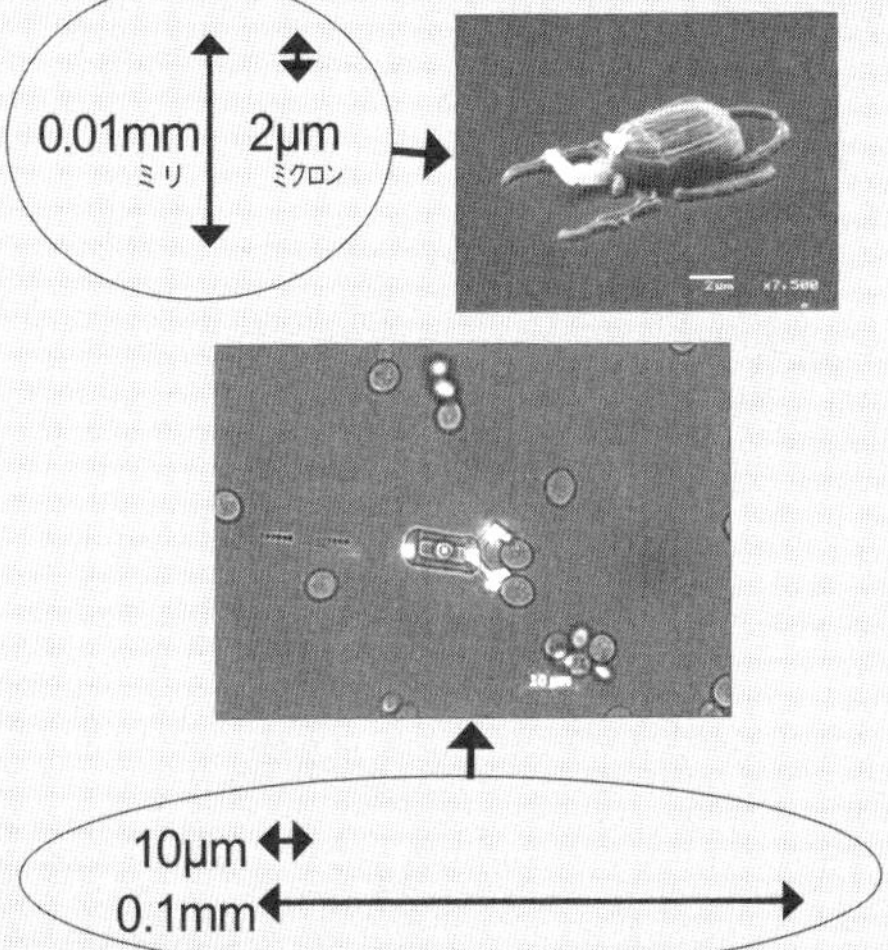

アブダクションの際、謎のマイクロチップ様の物体を体内にインプラントされる事例が報告されているが、地球においても、ナノテクノロジーの発達により、そうしたものも急速に現実感を持ちつつある。東京大学工学部で研究されている医用マイクロマシン分野では、微細な立体物を自由に生成・加工する技術〈写真上は一例〉が開発され、マイクロ光造形装置によって世界最小クラスとなる10ミクロンの遠隔操作ロボットの試作にも成功（写真下）。従来では治療困難だった病気への応用が期待されている。（© 東京大学生田研）

斎藤　ただ、これは考えすぎですかね。

大川隆法　なぜか、あなたばかり四カ所も足を刺されて、気の毒でしたね。私は刺されなかったのです。こちら（大川隆法）のほうが〝おいしい〟のに。

酒井　総裁では、正体がバレてしまいますから。

大川紫央　いや、先生は噛《か》まれなくてよかったです。

大川隆法　四カ所も蚊に刺されていたので、「ここはインドか」と思いました。

もう十月だから、大丈夫《だいじょうぶ》かと思ったのですが、窓を開けたから入ってきたのでしょう。

「英検一級の悪魔《あくま》」と称《しょう》した半透明《とうめい》な存在も出現

大川隆法　ところで、私は夜中に一回起きたとき、透明《とうめい》でほっそりとした小柄《こがら》な感じの人が、足元から枕元のあたりをグルグルと回りながら走っているところが視《み》えました。夢うつつだったのですが、透明な人です。夢と一緒になっていたので、はっきりとは分かりませんでしたが、「英検一級の悪魔《あくま》」と称《しょう》していたような気がします。

斎藤　英検一級の……（笑）。

大川隆法　ええ、「英検一級の悪魔」と称していました。英検の受験でも迫《せま》っていて、誰かが、「ウン、ウン」言って唸《うな》っているのかと思ったりもしました。私の家族のある人に少し似ていたような感じもしたのです。

とにかく、「英検一級の悪魔」と言っている透明な人が、グルグル回っているようなところを視てしまいました。

ただ、それは何かの意味の〝吹《ふ》き替《か》え〟なのかもしれません。

酒井　宇宙人ではないんですね？

大川隆法　いや、宇宙人かもしれないです。

酒井　宇宙人ですか？

大川隆法　意味は変わっているかもしれません。

酒井　あっ、意味を変えて……。

大川紫央　その夢の直後に、蚊がブンブンしていて、刺されました（会場笑）。

酒井　大川総裁の周りに偶然《ぐうぜん》はないですから、何か意味があるのかもしれません。

大川隆法　やはり、枕元は壁《かべ》だから、人がその周りを回れるはずはないのです。グルグル回っているように視えたのですが、いったい何だったのでしょうか。

斎藤　それは肉眼で見たのですか。それとも、心眼《しんがん》で視たとか？

大川隆法　うーん。

斎藤　わりと物理的な感じでしょうか。

大川隆法　姿は「半透明」な感じで、子供ぐらいの大きさだったと思います。そういえば、「グレイの大きさ」に少し近いかもしれません。

酒井　グレイですか。

大川隆法　ただ、やや半透明な感じには視えました。

「ＵＦＯは呼べないわけではない」

大川隆法　いずれにせよ、そのようなことを体験したので、「ＵＦＯは呼んで呼べないわけではないらしい」ということですね。

ただ、蚊に刺される危険もあれば、その他、長期の観察の場合、風邪《かぜ》をひくこともあるかもしれません。
また、ＵＦＯは距離《きょり》的になかなか近場まで寄ってこられなくて、カメラ等で撮《と》れない場合もあるでしょう。
あるいは、天候にも左右されることもあります。雲が出たりいろいろすると、もう少し見づらくなったりもするということかな。でも、ヘリコプターなんかとは明らかに違《ちが》うので……。

大川紫央　ヘリコプターが通るときは、すごい音がしていました。

大川隆法　音まですごかったですね。はっきりしていたから、明らかに違います。だから、どう見ても、あの動き方はできないですね。

まあ、経験したのはそんなことでしょうか。

酒井　はい。

4　日蓮《にちれん》を救《たす》けた「毬《まり》のような光りもの」を霊査《れいさ》する

「タイムスリップ・リーディング」で竜《たつ》の口《くち》の法難《ほうなん》の現場に飛ぶ

酒井　そうですね。これと「日蓮聖人《にちれんしょうにん》との関係」を、そろそろ探《さぐ》っていきたいと……。

大川隆法　ああ、そう、そう。だから、あのとき、龍口寺《りゅうこうじ》、竜《たつ》の口《くち》で日蓮を救《すく》うために、江《え》の島《しま》の方面から光りものが飛んできて……。

たぶん、距離《きょり》的に見たら、龍口寺から江の島は、二キロメートル程度でしょうかね？

大川紫央　すごく近いです。

酒井　あっ、二キロ……。すごく近いですね。

大川隆法　江の島の方面から現れて、龍口寺の上に来て、「月のように丸かった」といえば、満月でも急速に近づいてきたようにしか見えないので……。まあ、「そういう形のＵＦＯもある」と聞いてはいますが、「毬《まり》のように見えた」

というのであれば、これは、ある程度の大きさのものが接近して出てきたということでしょう。驚《おどろ》かせるところまで来たわけですから。

ただ、昨日《きのう》の距離ではもう少しあったので、あのくらいでは驚かないかもしれません。それで、一回、正確に調べてみる必要があるかなとは思っているんです。

では、これを調べてみましょうかね？

酒井　はい。

大川隆法　せっかく、龍口寺という日蓮が首を斬《き》られようとした法難《ほうなん》の地に行ったわけですし、そこには「毬のような光りものが江の島から飛んできて処刑《しょけい》ができなかった」ということが史実《しじつ》として遺《のこ》っていますからね。
これは昔からＵＦＯ説が根強《ねづよ》くあるところではありますが、では一回、これを●「タイムスリップ・リーディング」で視《み》てみましょうか。

酒井　はい。

大川隆法　（瞑目《めいもく》し、軽く手を合わせながら）昨日《さくじつ》、龍口寺へ行ってまいりましたが、そこには日蓮処刑の場として、今、お寺が建っております。
日蓮が処刑されようとしたときに、救いに来たものがあったのかどうか。それは単なる自然現象か、勘違《かんちが》いなのか。あるいは、伝説のつくりものなのか。あるいは、未確認の何かが出てきたのか。

●タイムスリップ・リーディング　対象に向けて、時間・空間の座標軸を合わせ、過去や未来の状況を透視するリーディング。いわゆる六大神通力の「神足通《じんそくつう》（幽体離脱能力）」と「天眼通《てんげんつう》（霊視能力）」をミックスさせた、時空間を超えた霊能力。

READING
リーディング

このへんについて、「時間」と「場所」を特定しながら、そのシーンをできるだけ再現してみたいと思います。タイムスリップ・リーディングに入りたいと思います。

（顔の前で両手の指先を合わせて三角形をつくり、約二十五秒間の沈黙《ちんもく》）

「江《え》の島《しま》の上空を龍《りゅう》が光って動いている」ようにも視《み》える

大川隆法　うーん……、今、視《み》えているのは、もう暗くなっている江《え》の島《しま》のあたりですね。今、「江島《えのしま》神社」がありますが、江の島の左半分のところ、頂上の部分よりちょっと左に寄ったあたりのところから、真ん丸い満月のようなものが出てきています。

それで、その動き方が、いったん上に上がって……（突《つ》き出した右手を、弧《こ》を描くように頭の上に上げ、後《うし》ろに放《ほう》るような仕草《しぐさ》をする）。これは、月の動きとは逆ですね。月は東から西に動きますので。

「こちら（西）から出て、（東に）飛んでいく」というのは、月の動き方とは逆です。西から東に月が動くようなかたちになると思いますので、月の動きとは逆ですね。

江の島上空に満月のような光が浮かんでいるのが視える。

江の島上空の光が上下に蛇行しながら竜の口方面に飛んでくる。

だから、江の島の形が出ていて、今は神社になっていると思いますが、これの向かって左側の部分から斜《なな》め上に、月のようなものが出てきて、一回、山なりに上がって、下りて、海面を照らして、もう一回、跳《は》ね上がって、もう一回、下りてくる。龍口寺、竜の口のお寺の方向に、もう一回、落ちてくるような感じのジャンプをしているようです。

これだけの蛇行《だこう》の仕方を視ると、確かに、ある意味で、龍《りゅう》か何かが光って動いているような感じに視えなくもありません。そのような動き方で、すごいジャンピングをしていますね。（手を上下に蛇行させながら）こういう感じのジャンプをして、向かってくる感じで落ちてきそうに視えます。

確かに、侍《さむらい》が驚いているようには視えますね。

円盤《えんばん》状のものから「スポットライトのような光」が降りている

大川隆法　さあ、これは何だったのでしょうか。

（瞑目し、胸の前で両手の指先を合わせて三角形をつくる）

現代でも、あまり数多く起きることとは思いませんが、これは何だったのでしょうか。

（約十五秒間の沈黙）

円盤状のものが反時計回りに回転し、裏側には約10個のライトが光っている。

今、視えてきたのは、厚みはそれほどはないですが、円盤《えんばん》状なんです。

円盤状で、真ん中に少しだけ、塔《とう》のようなものが出ています。何か、札幌《さっぽろ》の時計台の頭のようなものが、あれほど高くはないものの、真ん中の上にちょっと出ていて、胴体《どうたい》自体は両側に筋《すじ》があって、真ん中の部分が少し引っ込《こ》んでいるから、うーん……、何に似てるかなあ。

「どら焼き」というよりは、もうちょっ

と金属製のものなんです。厚みがそんなにはないですが、横幅《よこはば》はけっこうあるものですね。今、斜めに、十五度ぐらい傾《かたむ》いた感じで視えています。

回転の仕方は、今回は反時計回りですね。反時計回りに回転しながら来ていて、裏側を視ると……。うーん。

横のところも、ある程度、いろいろな色のライトが点滅《てんめつ》するようなかたちにはなっていると思いますが、裏側を視ると、一、二、三、四、五、六、七、八……、うーん、十個ぐらいでしょうか。十個ぐらい、少しライティングのような丸いものが裏側にはついていて、そこからいろいろなタイプの光が出るようにはなっています。今回は、黄色いタイプの光が、よく出ていますね。

今の龍口寺の上空に近づいてきている

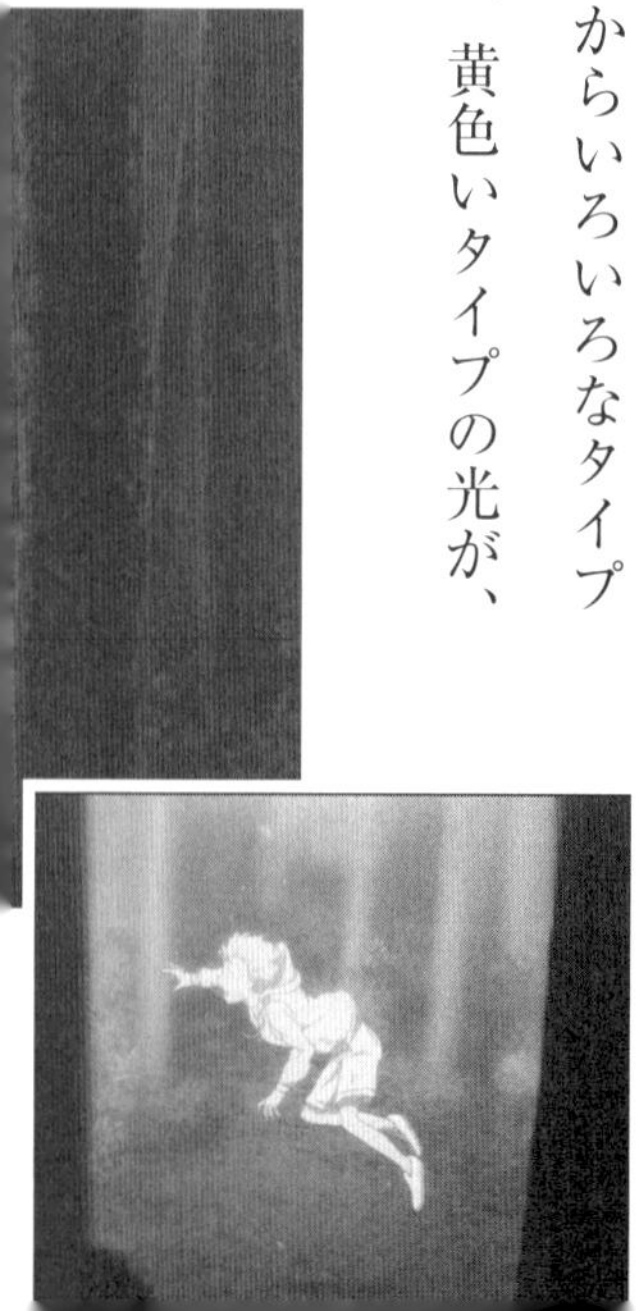

ところですが、いったん上へリバウンドした感じで降りてきて、うーん……。向こうは海岸ですね。ものすごく海岸が近いですが、下がってきながら、いったん上のあたりで静止《せいし》したみたいですね。何か、かぐや姫《ひめ》を迎《むか》えに来たときに似たような感じに視えなくもありません。

その円盤状のものからは、映画「UFO学園の秘密」（製作総指揮・大川隆法。二〇一五年十月十日公開）に出てくる、〝スポットライト〟のような光が降りて

映画「ＵＦＯ学園の秘密」のアブダクションシーン。スポットライトに照らされてUFOに吸い上げられてしまった高校生。

きていますね。
光が降りてきて、日蓮や、その周りにいる侍たちなどを、夜の闇《やみ》のなかでバッと照らしている感じがよく視えます。

光りものに恐怖《きょうふ》した侍《さむらい》たち、『観音経《かんのんぎょう》』のご加護《かご》を信じた日蓮《にちれん》

大川隆法　ただ、このときは、アブダクションはしていないですね。アブダクションはしていないのですが、侍《さむらい》たちにとっては衝撃《しょうげき》で、何が起きたかは分かっていない感じです。
侍たちのなかには、確かに、刀を取り落としたり、逃《に》げ惑《まど》ったりしている人はいますね。すごく「強い光」を照射して、驚かせている感じでしょうか。

日蓮《にちれん》のほうは、どちらかというと、その光りものを見ていますが、あとは、お経《きょう》を一生《いっしょう》懸命《けんめい》、唱《とな》えている状態に近いです。

「南無妙法蓮華経《なむみょうほうれんげきょう》」を一生懸命、唱えているので、たぶん、『観音経《かんのんぎょう》』を意識していると思われます。日蓮のほうは、「『観音経』でいかなる災難からも逃《のが》れられる」ということを意識して、やっているような感じがします。

でも、侍だけがいるわけではなくて、弟子《でし》の一部がいて、さらに、村人たちも見物には来ていますね。ここは刑場ではあったような

『法華経』と『観音経』について

或遭王難苦　臨刑欲寿終
念彼観音力　刀尋段段壊
（もし、王難の苦に遭って刑に臨み、寿命が終わろうとしているときに、かの観音の力を念ずれば、刀は寸断されて壊れるだろう）

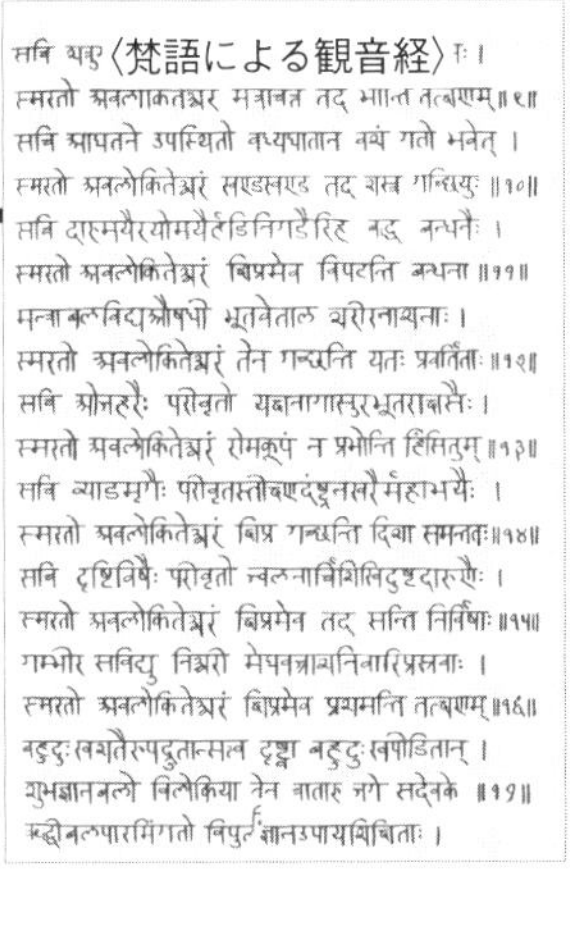

『観音経』は『法華経』の第25章「観世音菩薩普門品」を独立させた経文。観世音菩薩の功徳が説かれた本経文は、日蓮宗をはじめ、仏教各宗派で広く使われている。日蓮聖人は「竜の口の法難」で、まさに斬首されようとするとき、この『観音経』を読誦していたといわれ、刀尋段段壊が成就したものと信じられている。

ので、死刑にされるときは、見に来るのだろうと思われます。大騒《おおさわ》ぎをしていますね。

そこにいる人の数は、全部合わせてどのくらいかというと、まあ、三、四十人ぐらいはいるでしょう。そのくらいは、いるのではないかと思いますが、やはり、衝撃は衝撃ですね。衝撃は受けています。

確かにそのあと、幕府から早馬《はやうま》が来てはいますね。幕府といっても、●鶴岡八《つるがおかはち》幡宮《まんぐう》の近所ですが、処刑中止の早馬が来てはいたようです。

この早馬が来ることについては、どうも、UFOのほうも知っていたのだろうとは思います。しかし、それを分からせるために、時間を止めて、執行《しっこう》を遅《おく》らせようとして来たのかなという感じはしますね。

ただ、侍のほうは、「かなり意欲が萎《な》えていて、怖《こわ》がっている」という感じ

●「竜の口の法難」時の鶴岡八幡宮でのエピソード　八幡神は『法華経』において法華経行者を守護する諸天善神とされており、八幡大菩薩ともいわれる。日蓮聖人は、龍口刑場に向かう途中、鶴岡八幡宮の前で止まり、八幡大菩薩に向かって、守護の誓願を果たしていないことを叱責したといわれている。

「竜の口の法難」の現場をタイムスリップ・リーディングで視たシーンの再現。

でしょうか。「これは、何か、奇跡《きせき》が起きたのではないか」という感じは受けています。それで、日蓮は、罪が軽くなって、佐渡島《さどがしま》に流罪《るざい》になるわけです。ただ、日蓮のほうは、もう『法華経《ほけきょう》』三昧《ざんまい》で、『法華経』の威神力《いじんりき》だと確信しているので、UFOという意識はまったくありません。「光り輝《かがや》く」などというのは、「仏様の御光《みひかり》が臨んだのだ」というぐらいに見ていると思われます。

意外に、客観的に見ていた人のほうが、「江の島方面から光りものが飛んできた」というように見えていたようですね。

それで、実態はどうかというと、まあ、大きさを測《はか》るのは難しいのですが、直径で言うと、十五メートルから三十メートルぐらいの範囲《はんい》かと思われます。やや大きめのものですね。やや大きめのものが来たと思います。

これは、映画「未知との遭遇《そうぐう》」の円盤にやや近いので、当時は理解不能だったでしょう。

UFOはそのあと、上空に停《と》まって、ライティングをしたあと、また飛び去っていってはいますね。鶴岡八幡宮の方向に、飛び去っていっています。だから、直接、何かをしたということはありません。

日蓮は、もう、「ただただ、『観音経』のご加護《かご》を信仰《しんこう》していた」という感じでしょうか。そういう感じに視えます。

5 「日蓮《にちれん》を護《まも》った宇宙人」の正体とは

「天鳥船神《あめのとりふねのかみ》」と関係がある？

大川隆法　（瞑目《めいもく》し、人差し指を立てた手を大きく回しながら）これは、どこの星から来たのかな？　あなたは、どこの星から来たのでしょうか。日蓮《にちれん》そのものが、何か、宇宙と関係があるのかどうかは分かりませんが、どこの星から来た者ですか。代表者は答えてください。

●天鳥船神　日本神話に登場する神。『古事記』には、天地を行き来する船の神とみられる記述がある。幸福の科学の霊査によると、天鳥船神は南九州のほうに、天磐船神は奈良のほうに降りたとされる（『公開霊言 山本七平の新・日本人論 現代日本を支配する「空気」の正体』〔幸福の科学出版刊〕等参照）。

（約十秒間の沈黙《ちんもく》）

「かつて、●天鳥船神《あめのとりふねのかみ》と呼ばれていた筋《すじ》の者だ」と言っていますね。

天鳥船は、九州に出たほうでしょうか。九州のほうですね。天鳥船であれば、天照大神《あまてらすおおみかみ》、天御中主神《あめのみなかぬしのかみ》系統のほうでしょう。

もう少し現代的に正体を明かしていただきたいのですが……。

（約二十秒間の沈黙）

「天鳥船神」（鳥之石楠船神）を祀る神社は、神崎神社（右上）、息栖神社（右下）等、各地にある。また、記紀において記述された「天磐船」を祀る磐船神社（左）等も有名。

「人呼んで大川裕太《ゆうた》」と言っていますね（笑）（会場笑）。

斎藤　ええっ？

大川隆法　ハッハッハッハッハ。アンドロメダか（注。三男の大川裕太は、以前の宇宙人リーディングで、かつて、「アンドロメダ銀河の総司令官」の魂《たましい》であったことが判明している。前《ぜん》掲《けい》『地球を守る「宇宙連合」とは何か』参照）。

斎藤　アンドロメダですか。

大川隆法　ああ、そうですか。うーん。

酒井　お一人だったのでしょうか。

大川隆法　いや、ベガを経由して来ていたようですね。でも、UFOにしては大胆《だいたん》すぎる出方をしているので、何か「危機」を察知《さっち》したのでしょうか。

これは、もともとは〝九州筋〟に現れたほうですね。確かに、昨日《きのう》泊《と》まった葉山《はやま》のホテルの前に神社がありました。そこには、鳥居《とりい》や手水舎《てみずや》があって、石原裕次郎《いしはらゆうじろう》の記念碑《ひ》もありました（笑）。また、天御中主も祀《まつ》られていました。

大川紫央　水天宮《すいてんぐう》ですね。その神社のなかにある水天宮のご祭神《さいじん》が、「天御中主神」でした。

大川隆法　そうですね。天御中主を祀ってありました。ですから、あのあたりも縁《えん》があったと言うべきなのでしょうか。水天宮というのは、天御中主なんです。

とにかく、現代的には「大川裕太」に翻訳《ほんやく》される〝生き物〟が、何かいたのではないかと推定されますね。

神奈川県葉山町の森戸神社。境内には天御中主神を祭神とする水天宮が祀られている（右上）。

酒井 （笑）

日蓮《にちれん》のために「強制介入《かいにゅう》」した宇宙人の意図とＵＦＯの実体

大川隆法 まあ、強制介入《かいにゅう》するというのは、よほどのときでないかぎり、めったにないことなので、何か意味があったというか、必要だと思ったんでしょうね。これは、間違《まちが》いなく介入したんです。

酒井 介入ですか。

大川隆法 ええ、介入ですね。介入したんです。（宇宙協定では）「文明に介入してはいけない」といいますが、介入する人もたまには出ます。

酒井　（笑）

大川隆法　確かに、介入しないと、「斬《き》られてしまったら終わり」ですからね。

斎藤　これは、日蓮聖人《にちれんしょうにん》の祈《いの》りが通じたのか、それとも、日蓮聖人をずっと観察し、見守っていて、「危ないな」と思って、急行してこられたのか、どのような状態でお越《こ》しになったのでしょうか。

大川隆法　（約五秒間の沈黙）

「私の乗り物は、マッハ三〇まで出るんだ」と言っています。

斎藤　(笑)マッハ三〇ですか。

大川隆法　ええ。「あなたがたの〝ちゃち〟なものと一緒《いっしょ》にするな。必要とあれば、マッハ三〇は出るんだ。パトロール中だったんだ」という言い方をしていますね。

なぜ、宇宙人は日蓮《にちれん》を救ったのか

酒井　そうしますと、「日蓮《にちれん》聖人の生死」と「日本の運命」とは、そうとうリンクしていたということでしょうか。要するに、「ここで亡《な》くなられてしまうと、まずかった」と。

大川隆法　まあ、鎌倉《かまくら》仏教の〝最後を飾《かざ》る人〟ですよね。掉尾《ちょうび》を飾る人でもあるので。

「だから、元寇《げんこう》が迫《せま》っていたので、国防上も、意見をそちらのほうに持っていかなくてはいけなくて、反対の方向に行ってはいけない。それなのに、日蓮を弾圧《だんあつ》するというのは、まあ、（日蓮は）今の幸福の科学と同じ立場だ」ということを言っています。

「日蓮の『立正安国論《りっしょうあんこくろん》』を揉《も》み潰《つぶ》し、『元寇なんか来ないんだ』と言っていたら、大変なことが起きるので、どうしても生かさなければいけなかったんだ。また、後世への教訓としても遺《のこ》さなくてはいけなかった。そのあたりを一瞬《いっしゅん》の間に判断するのには、高度な知能が要《い》るので、人間の分際《ぶんざい》では無理なんだ。分からないんだ」ということを言っていますね。

酒井　そうですか。

斎藤　「天鳥船神」という存在は、日本神道《しんとう》系ということになりますが、日蓮聖人は仏教系で、日蓮宗の開祖です。それなのに、日本神道系の日本国を護《まも》るために、もしくは、日蓮聖人の未来を守るために、どのような大義があって関係してきたのでしょうか。

大川隆法　「国防ということに関しては、協力しなければいけない状態にはあったんだ。だいたい、中国帰りの留学僧《そう》たちがすごく多かったし、鎌倉時代には、禅僧《ぜんそう》などが向こうからもだいぶ来ていた。留学して、『中国は文化が高くて尊敬すべきものだ』と思って帰ってきている人と、直接向こうから来ている人がけっこういた。

だから、ある意味では、文化を伝えた面もあるけれども、ある意味では、スパイ的な面、手引き役的な面もあった。それをむやみに〝信仰《しんこう》〟しすぎると、あっさりと支配されてしまう恐《おそ》れがあったので、対決姿勢を取らせる必要があったんだ。それで、（北条《ほうじょう》）時宗《ときむね》にも対決姿勢を取らせたんだ」ということは言っています。

「ただ、その時点では、まだ対決姿勢までは行っていなかった。『中国の文化が高くて、大国だから、とてもじゃないけど、そういう立場にはない』という考えがあったんだ。それは、今の国論で言うと、まあ、『国を護らなきゃいけない』という意識を高める必要があった。

その意味においては、九州系の、もとの神道のほうも、大陸のほうとの〝攻《こう》防《ぼう》戦〟は、かなり経験している。だから、どっちに判断するかということですよ。鎌倉仏教では、禅宗とかもかなり流行《はや》っていたし、日蓮は四箇格言《しかかくげん》で、い

元寇と対峙した鎌倉幕府第８代執権の霊が語る『北条時宗の霊言』（幸福実現党）

ろいろと他宗排撃《はいげき》もしている。だけど、その（他宗）なかには、中国を無前提にいいものとして受け入れるようなところもあったんでね。

まあ、ある意味でのナショナリズムではあるけれども、中国オリジン（起源）というよりは、日蓮そのものは釈尊《しゃくそん》のもとで、●上行菩薩《じょうぎょうぼさつ》として生まれていた者だ。そして、霊鷲山《りょうじゅせん》で聴《き》いた『法華経《ほけきょう》』を、上行菩薩が日本の国に生まれ変わって、『法華経こそが、第一の教えなんだ。釈尊の、最勝にして最

かつて釈尊が『法華経』を説かれた場と伝えられているインドの霊鷲山

終の教えなんだ』ということを伝えている。だから、『〝中継《なかつ》ぎ〟を抜《ぬ》いてでも、それを伝える義務があって、私は、これをやっておるんだ』という考え方が、非常にナショナリスティックな動きと、二重写しに見えるものとしてはあったし、この国自体の強さをＰＲする必要があったんだ。

実は、仏教のなかにも、ちょっと中国寄りというか、それを手引きするような感じのものもだいぶあったので、そうする必要があったんだ」ということを言っていますね。

「日蓮の歴史的意義としては、日本という国が、本当に、『武士道』と『仏教』に基《もと》づく国土に生まれ変わるためには必要な人であって、西洋で言えば、宗教改革をやった人たちと同じような現れ方ではあったんだ」というようなことを言っています。

●上行菩薩　『法華経』に登場する菩薩。釈尊が説法をした際、地面が割れて出てきた無数の菩薩（地涌の菩薩）のなかの筆頭であり、「『法華経』を伝える」ということに強い使命を持っていた者（『日蓮を語る』〔幸福の科学出版刊〕参照）。

酒井　そうしますと、大川裕太様の魂に関係する方が、日蓮聖人の説かれる教えのなかに、インスピレーションを与《あた》えていたということになるのでしょうか。

大川隆法　「というよりも、この国全体に責任がある者の一人であるので、仏教といえども、この国固有の、もともとの信仰の磁場《じば》のなかにあったんだ」ということを言っています。

「話せば長いことにはなるけれども、（日蓮の魂のルーツは）ベガを経由基地にして来ていた者ではあるので、まあ、いろいろな魂的な計画はあったんだ。ただ、ちょっと〝激しい〟ので、簡単に〝燃え尽《つ》きない〟ように心配してはおったのだ」というようなことを言っています。

酒井　はい。

大川隆法　ところで、「マッハ三〇」といったら、どのくらいのスピードで飛んでくるんだろうね。音速の三十倍？

斎藤　（笑）うーん。秒速では、数十キロになるかもしれません。

大川隆法　音速は、一秒で三百四十メートルでしたか？　そうすると、一分で約二十キロか。その三十倍ですから、秒速十キロメートルですか。確かにかなり速いですね。

武士たちを「空中」に浮《う》かせた不思議な力

酒井　ちょっと話が戻《もど》ってしまうのですが、当時、「日蓮聖人を斬ろうとした刀がバラバラに折れてしまった」という話があります。これは、事実なのでしょうか。

大川隆法　これは、どうでしょうか。確かに、かぐや姫《ひめ》の話でも、武器が一切《いっさい》使えなくなりますよね。みんな体が動かなくなって、金縛《かなしば》りになりますが、宇宙人現象では必ず出てくるものでもあります。武器が全然、撃《う》てなくなりますよね。

斎藤　無力化《むりょくか》してしまいます。

大川隆法　ええ、無力化しますね。まあ、スーパーマンだって無力化しますけど。

斎藤　はい。

大川隆法　武器が無力化しましたね。これについてはどうなんでしょうか。

（約五秒間の沈黙）

「まあ、自覚はあまりなかったと思うけれども、一部の武士たちは空中に浮《う》いているんだ」と言っていますね。

斎藤　え？

酒井　（笑）アブダクションの途中《とちゅう》みたいな感じですか。

大川隆法　「吊《つ》り上げられて、宙に浮いている」と。

斎藤　牽引《けんいん》されてしまっているんですか。

大川隆法　ええ。「浮いて落とされたりもしているんだ」ということです。

酒井　牽引ビームで？

大川隆法　はい。「まあ、刀がどうなったかということですが、持っていたやつを、バラ、バラ、バラと折ったという感じではないかもしれないけれども、〝なぎ倒《たお》された〟感じにはなってるはずだ」と。

斎藤　はあ……。

大川隆法　「強烈《きょうれつ》な光を当てて、まぶしくもしたけれども、同時にもう一つは、『超音波《ちょうおんぱ》』を発信して、そういう金属類の武器とかを破壊《はかい》する能力もあるんだ」と言っていますね。

斎藤　はあ……。高振動《しんどう》で、パリーンと……。

大川隆法　うん、うん。「そういうものを

全部、使えなくしてしまう、超音波の武器もあるんだ」と言っています。

斎藤　はあ……。

大川隆法　「だから、それを使えば、弓だろうが何だろうが、全部使えなくなるんだ。目には見えないものだけれども、武器を無力化する能力は持っているんだ」と言っています。

斎藤　なるほど……。大川総裁が、以前、『日蓮を語る』（幸福の科学出版刊）でも、「刀尋段段壊《とうじんだんだんね》で、三個にバラバラにされてしまった」というようなこ

『日蓮を語る』（幸福の科学出版）

とを言われていました。確かに、超音波のようなものでバラバラにされた可能性があります。

大川隆法　まあ、何人か持ち上げられて、落とされていますが、武器は確かに無力化されているので、まあ、その時点で、折れたりしたものもあったかもしれませんね。

まあ、劇を見るようになったかどうかは知りませんが、とりあえず、「戦闘《せんとう》を無力化する力は働いた。光と超音波を使う武器によって、一瞬のうちに無力化されて、一瞬のうちに飛び去っていった」ということです。

うーん、ものすごい〝早業《はやわざ》〟が行われたみたいですね。

斎藤　そのとき、日蓮聖人は、一生懸命《いっしょうけんめい》にお祈りされていて、起こっている現象は見ていなかったのでしょうか。

大川隆法　光は見ていますが、ほとんど、お題目《だいもく》をやっていますね（笑）。

斎藤　ああ、もう熱心に、一途《いちず》に……。なるほど。

酒井　これは、「毬《まり》のような」とか「光の玉」とか、「火の玉」とかいうように表現されていて、あまり大きなもののような表現ではありません。ところが先

ほど、「十五メートルから三十メートル」と言われましたから、そうとう巨大《きょだい》なものだったわけですよね。

これが、どれくらいの近さまで、人間の世界というか、地上に降りてきていたのでしょうか。

大川隆法　（約五秒間の沈黙）「五十メートルぐらいだろう」と言っていますね。

酒井　五十メートル。ああ……。

大川隆法　「お寺が建っているところの、五十メートルぐらい上までは来たと思われる。それが、強力な光と超音波を出したと思われる」と。

酒井　音も、けっこう大きかったわけですね。

大川隆法　「いや、耳に聞こえたかどうかは分からないけれども、音波による、武器の破壊、無力化は行った」ということは言っています。

酒井　なるほど。

斎藤　では、「伝説」というのは、本当に「史実」として起きたわけですか。

大川隆法　そのようですね。

だから、たまたまいたのか、予知していたのかは、ちょっと分かりません。ただ、日蓮は迫害《はくがい》を受けていたから、ストーリーは読まれていたかもしれませんけどね。

酒井　うーん。

大川隆法　まあ、『立正安国論』を出して、二回も出したあたりで、「やられる」ということは読まれていたかもしれません。

梅の枝《えだ》にかかった「明星《みょうじょう》」の正体

酒井 『日蓮を語る』（前掲）には、「竜《たつ》の口《くち》で助かったあとに、現在の神奈川《かながわ》県の厚木《あつぎ》市に当たる依智《えち》というところで、また同じような奇跡《きせき》が起きた。明星《みょうじょう》のような星が降りてきて、庭の梅の枝《えだ》にかかった」という話が出ているのですが、実際に、梅の枝にかかった大きな明星のような光りものというのは、いったい何なのでしょうか。

大川隆法 ああ、明星はよく出てきますね。空海《くうかい》の話にも、「明星が口のなかに飛び込《こ》んでくる」というものがあります（『黄金の法』〔幸福の科学出版刊〕

参照）。
　これは何でしょうか。明星のようなもの……、厚木のほうで……。
　うーん、これは別のものですね。別のUFOです。

酒井　別のものですか（笑）。

大川隆法　私が、昨日《きのう》見たようなものです。ちょっと「小型機」のほうですね。

日蓮聖人が佐渡行きの途中に立ち寄った厚木の依智には、在家信徒本間氏ゆかりの三箇寺に「星下りの伝説」が遺っている（写真：妙純寺の霊梅）。

酒井　小型機……。

大川隆法　ええ、小型機です。

いや、けっこう、この人（日蓮）は宇宙人との関係があるんですね。

こちらのほうは、どうでしょうか……。（約五秒間の沈黙）

私には、アダムスキー型に近い円盤《えんばん》のようなものが視《み》えています。

日蓮聖人が依智の地で滞留した佐渡守護代・本間重連の屋敷では、庭の梅の木に明星天子が現れ、以後の守護を約束したといわれている（歌川国芳画「高祖御一代略図　依智星降」／大英博物館蔵）。

斎藤　これは、金星からということですか。どちらの星でしょうか。

大川隆法　うーん、まあ、金星と特定《とくてい》できるかどうかは分からないですが。ただ、当時の人は、円盤を見ても、たぶん私たちが見るようには見えないでしょうね。だから、「梅の枝に、明星のように停まっている」というのであれば、本当は、遠いのかもしれないですね。〝遠くて小さい〟かもしれません。「星にあるまじき位置に停まっているように見えた」ということだろうとは思います。

でも、おそらく、「ＵＦＯとの交流」はかなりあったのでしょう。まあ、いつも見張っていたというか、見ていたんでしょうね。

梅の枝の上に降りたと伝えられる「明星の光」をリーディングすると、アダムスキー型に近い円盤のようなものが視えた。

だから、「梅の枝の上に停まっている」ように見えるというのであれば、確かに、今のＵＦＯ現象にかなり近いものではないかと思います。

でも、距離《きょり》はちょっとありますね。

近いものではありません。近くで、梅の枝の上に乗っていたら大変なことになります。

酒井　まあ、そうですね。

大川隆法　超巨大なものになるから、近くはないですね。

まあ、当時は、そんなに灯《あか》りはないだろうから、そういうふうに見えたのだろうとは思いますが、どこかのＵＦＯが〝示威《じい》運動〟をやっていたと推定されます。

6　鎌倉《かまくら》に現れた四機のＵＦＯを再検証する

「呼ばれて出てきたＵＦＯ」にはどの宇宙人が乗っていたのか

斎藤　先ほど、導入のところで大川隆法総裁が言われましたが、「見えるようでいて、遠くて、距離《きょり》感に非常に微妙《びみょう》なところがあった。パッと消えてみたり、映らないようにしてみたりとかいうことがある」とのことでした。

また、大川紫央総裁補佐《ほさ》も、「動画を録《と》ろうとしたところ、目視《もくし》はできるけれども映らなかった」とのことでしたが、これは……。

大川隆法　目では、はっきり見えるんですよ。

斎藤　ええ。この狭間《はざま》というか、微妙な、証拠《しょうこ》を残さない感じというのは、やはり、強い「宇宙の協定」か何かで決まっているせいなんでしょうか。

大川隆法　まあ、スマホぐらいでは、ちょっとあれは無理だったね。もうちょっといいものを持ってこないと。やはり、撮《と》るんだったら、最初からもっといいもの、天体望遠鏡並みのものを持ってこないと駄目《だめ》だったかもしれません。

酒井　（笑）それはテレビ局じゃないと……。

大川隆法　昨日《きのう》のも、誰《だれ》かと話してみたりしますか。まあ、もう一回「再現」してみましょうか。最初に四機来ましたが、これをリーディングしてみましょう。

斎藤　はい。

大川隆法　昨日の夜八時台に、四機来ましたものの正体が分かりましたら、突《つ》き止めたいと思います。

ちょっと距離がありましたので、はっきりは分かりません。船のかたちまで見えるところまでは行かなかったんですが。

うーん、昨日来たものについて、どういう種類のものが来たのか教えてください。

（約十五秒間の沈黙《ちんもく》）

ああ、近寄らなかった理由は……、一回目に出た四機は、「レプタリアン系」のものだったからだそうです（笑）。

酒井　（笑）

斎藤　（笑）ええっ……？

●レプタリアン　宇宙に広く存在する、爬虫類的性質を持つ宇宙人の総称。「力」や「強さ」を重視し、一般に攻撃性、侵略性が強い。大マゼラン雲のゼータ星が本拠地と目されている。外見は、爬虫類型のほか、肉食獣型や水棲人型、人間に近い姿の種族も存在する。

大川隆法　「レプタリアン系のもので、呼ばれたからいちおう出たけれども、あんまり近寄ると〝危険〟だと思って、向こうも、それ以上近寄らなかった。『近くにいるＵＦＯよ、出てきなさい』と言われたから出たんですけど、レプタリアン系だから、いちおう、あんまり（大川隆法に）近寄ると〝ヤバイ〟んじゃないかと思って、近寄らなかった」と言っていますね。

斎藤　はあ……。

大川隆法　うーん、〝そちら系〟だった。やっぱりそうか。そうではないかと思ったんだ（笑）。

酒井　（笑）なるほど。

北条政子《ほうじょうまさこ》や源頼朝《みなもとのよりとも》と意識交流をして感じたこと

酒井　そうしますと、昨日出てきたＵＦＯは、ベガのものと、まあ、レプタリアンのものもあったわけですが、場所として、「日蓮聖人《にちれんしょうにん》の龍口寺《りゅうこうじ》、あるいは、竜《たつ》の口《くち》の法難《ほうなん》の近くだった」ということと、何か関係はありますか。

大川隆法　うーん……。（約十秒間の沈黙）まあ、何かそういう介入《かいにゅう》がなければ、日蓮もないし、竜《たつ》の口法子《くちのりこ》（「竜の口の法難」をもとにした法名《ほうみょう》を持った教団職員）も存在していないというわけですが（笑）。

酒井　（笑）

大川隆法　ただ、もう一つは、昨日はちょっと、北条政子《ほうじょうまさこ》とか、源頼朝《みなもとのよりとも》とか、そういうものとも、少し意識交流をしていたんです。それで特に感じたのは、「〝旗揚《はたあ》げ〟ということに、すごく関係があったんだな」ということです。

鎌倉幕府を開き、新しい国づくりに取り組んだ源頼朝と北条政子の像（写真：伊豆の国市韮山）。

酒井　旗揚げですか……。

大川隆法　鎌倉《かまくら》を見て、北条政子や頼朝等のお寺を見ていて、「旗揚げということに関係があったんだ」と。

だから、「旗揚げ観音《かんのん》でもつくって、祈願《きがん》でもしなきゃいけないかな」と思ったんですよ。

酒井　ああ。

大川隆法　「旗揚げ」という意識が非常に強くあったので、「ああ、当会も今、そういうところに置かれているのかな」ということを思いました。

つまり、最初、「弱小」「劣勢《れっせい》」と思われていたものが、天下を引っ繰《く》り返していく……、旗揚げですよね。旗揚げというのに、関係がすごく強くあるのだということを、昨日、感じたんです。

歴史的な転換点《てんかん》には「宇宙からの来訪者」がかかわっている

大川隆法　ですから、あの時代に、「鎌倉」というのが、日本の歴史を転換《てんかん》するための、一つの〝強力な磁場《じば》〟になっていたのではないかと思うんですね。
そういう意味で、「注目度」は高かったのではないかと思うし、日本が武士道という侍《さむらい》の国になるなら、「鎌倉時代」というのは、どうしても転換点としてあったのでしょう。少なくとも千年ぐらいの大きな影響《えいきょう》は出ていると思います。

もちろん、もっと昔、古代からそうかもしれませんけれども、(鎌倉時代は)武士道が固まった時代ではありますよね。日本史としては、非常な転換期ではあったのかなと思います。

まあ、どの国でも、そういう歴史的な転換点においては、〝宇宙からの来訪者〟があって、記録したり、多少、見えないように手助けをしたりはしているようですね。

例えば、ルター●にしても落雷《らくらい》体験がありました。

「道を急いでいるときに、いきなり雷《かみなり》が落ちて、木が丸焦《まるこ》げになった。一緒《いっしょ》に歩いていた友達のほうは死んでしまったのに、自分だけが無傷《むきず》だった。その

●マルティン・ルター(1483～1546)　ドイツの宗教改革の創始者。『聖書』をキリスト教の唯一の源泉にするという考えの下、ローマ教皇の免罪符発行に反対し、「九十五箇条の論題」を発表。カトリック教会に大きな影響を与え、プロテスタント教会の源流をつくった。また、『聖書』をドイツ語に翻訳し、近代ドイツ語の成立に貢献した。

ときに、ドイツの当時の守護聖人《しゅごせいじん》と呼ばれていた、聖アンナの名前を呼んで、『聖アンナよ、私が悪うございました。修道士になりますから、どうかお助けください』と、一瞬《いっしゅん》、祈《いの》った。それで、本当は法学部に行って、法律家になる予定だったし、両親もそのつもりで大学にやっていたのに、修道士になった」ということがあったわけです（『公開霊言《れいげん》 ルターの語る「新しき宗教改革のビジョン」』〔幸福の科学出版刊〕参照）。

まあ、「雷だって、偶然《ぐうぜん》には落ちやしないんだ」ということのようですね。「雷が落ちた」と思っているかもしれないけれども、それは雷ではなくて、〝電《でん》撃《げき》ショック〟を、別なものがしている可能性もあるのでしょう。

そういうことで、意外に宗教家に対して、「目覚めの啓示《けいじ》」とかを降ろす場合に、宇宙のものがかかわっていることもあるわけですね。

7　日蓮《にちれん》の「宇宙的なルーツ」を探《さぐ》る

エリヤの時代に降《ふ》った「火の玉」とは何だったのか

酒井　日蓮聖人《にちれんしょうにん》の魂《たましい》のきょうだいといわれているエリヤ様についてですが、カルメル山上で祈《いの》ったときに、「火の玉」が降《ふ》ってきました。あれも、何か宇宙のものと関係があるのでしょうか。

大川隆法　まあ、エリヤについて言うと、かなり話が難しくなってきます。これは、ちょっと別の「宗教的なテーマ」が出てくるんですよ。実は、もう一つ、地中海をめぐっての大きな宗教戦争が、裏にまだあるんですね。だから、日本の話としては、できかねるところがあります。
ただ、「火の玉がたくさん降ってきて、バアル信仰《しんこう》をしている四百五十人の祭司が焼け焦《こ》げて死ぬ」というのは、普通《ふつう》ではありませんよね。

酒井　はい。

大川隆法　こんなものは、天然自然の現象としては、あるとは思えません。何らかの、〝光線銃《じゅう》〟のようなものがあった

エリヤ（前9世紀頃）は、『旧約聖書』に登場するヘブライの預言者。ヤハウェのみを神とすべきと説き、ただ一人、カルメル山上でバアル神の預言者450人と戦った（『黄金の法』〔幸福の科学出版刊〕参照）。

としか思えないですね。

ただ、当時の人にとっては、「火の玉が降った」ぐらいにしか見えないでしょう。そういうふうにしか表現のしようがないと思います。

でも、これは、天から火を降らせているんですよね。そういうものなのです。それで、エリヤの祭壇《さいだん》には、火がパッと点《つ》いたのに、あちらのほうは、朝から八時間も祈っていても、祭壇に火が点かない。次は、火の雨が降って、みんな焼き殺されたわけですから、これはかなりすごいですよ。

場合によっては、今までの話からして、「レプタリアン系」のものが参加している可能性もあります（笑）。まだ、だいぶ秘密があるかもしれませんね。

酒井　（笑）分かりました。

日蓮《にちれん》の出身星を探《さぐ》る宇宙人リーディングを試みる

酒井　ところで、大川総裁は、今日、何回も、「日蓮《にちれん》聖人は宇宙人か」とおっしゃっています。このへんの関連については、いかがでしょうか。

大川隆法　もう一回、きちんとリーディングをしなくてはいけないでしょうかね。ただ、この世にいる人（日蓮の魂の一部である大川直樹《なおき》）がいるところでやらないと、フェアでないかもしれません。フェアでない可能性があります。

酒井　（笑）分かりました。じゃあ、そこはちょっと……。

大川隆法　まあ、どうしましょうか。訊《き》いてみますか。日蓮聖人の宇宙人リーディングですからね。霊界《れいかい》にいる人の宇宙人リーディングですが、まあ、できないことはないか。日蓮聖人（地上に生まれている大川直樹）は、今、不在ではあるのですが。

酒井　では、（出身の）星だけでも、もし分かれば。

大川隆法　どこの星と関係のある方なんでしょうか。分かりましょうか。

（約二十五秒間の沈黙《ちんもく》）

本当でしょうか。ちょっとよく分からないんですが、こぐま座……。

酒井　こぐま座？

大川隆法　「こぐま座のアルファ・ワン」と言っています。うーん、そう聞こえるんですが、こぐま座のアルファ・ワンとかというのは、どこにあるのでしょうか。

斎藤　宇宙人リーディングで、「こぐま座」出身の人と言われた者が一人います。

酒井　誰《だれ》ですか。

斎藤　こぐま座に、タータム1《ワン》という星がありまして。

大川隆法　タータム……。

斎藤　そこに、月刊「ザ・リバティ」（幸福の科学出版刊）の綾織《あやおり》編集長が……。

『こぐま座のタータム１星人』（宗教法人幸福の科学）

大川隆法　綾織！（笑）（会場笑）　ああー、似てるかも。

斎藤　ええ、かなり激しい……。

大川隆法　まあ、性格的には似てるかもしれませんね。なるほど、綾織さんの親戚《しんせき》かもしれないなあ。

酒井　なんと。

大川隆法　「こぐま座の、アルファ何とかの、何番」とか言っています。「アルファの何番」とか言っています。

斎藤　ほお……。

大川隆法　だけど、宇宙地図がよく分からないので、私にも、はっきりしないんですが。

ただ、「ずばりのベガ星人ではないんだけど、そちらのほうにも中継《ちゅうけい》したことはある」と言っていますね。ベガ星人ではないようですが。

まあ、HSU（ハッピー・サイエンス・ユニバーシティ）の学生たちのなかでも、細《こま》かい人は、「ベガ星人といいますが、ベガというのは恒星《こうせい》のはずだから、太陽のなかに人が住めますか」などと言っている人もいるらしいですよね。

まあ、琴座《ことざ》のベガという星がありますが、琴座というのは、「リラ」って言うんですけど。そこから来ている人が名乗るときに、「リラ星人」と言う場合と、「ベガ星人」と言う場合とがあって、たぶん、出身地域のことを総称《そうしょう》して言っているのでしょう。それで、「リラ星人」と言ったり、「ベガ星人」と言ったりする場合があるのです。

確かに、恒星のなかに住めるとは思いませんが、いちおう太陽系みたいに、近くに惑星《わくせい》が幾《いく》つかあるでしょうから、そのあたりを総称して、位置を確定するために言っているのだと思います。

ベガ星の都市イメージ〈映画「神秘の法」〉

そのように、琴座にも惑星が幾つかあるとは思うのですが、今のところ、これで通用しているし、向こうから来る人もそういう言い方をするので、使っているということですね。

ただ、日蓮のルーツについては、今、「こぐま座」という言い方をしていました。ちなみに、先ほど救《たす》けに来たのは〝熊《くま》さん（大川裕太《ゆうた》）〟でしたね（注。大川裕太は、以前の宇宙人リーディングで、巨大《きょだい》な熊に似た姿をした「アンドロメダの総司令官」であったことが判明している。前掲『地球を守る「宇宙連合」とは何か』第2章参照）。あれは関係ないのでしょうか。

酒井　うーん。

大川隆法　アンドロメダは、今のところ、出現する数が少ないんですよね。

斎藤　ええ。非常に少ないです。

大川隆法　銀河としては遠いので、たぶん、あちらから直接来ることは、あまりないんだろうと思うんです。だから、途中《とちゅう》で、ほかのところを経由して来ているのではないかとは思います。

酒井　そうですね。今回、「ベガ経由で来た」という話もありました。

大川隆法　やはり、〝宇宙の観光地図〟にも、いろいろと、来るときのルートがあるのでしょう。ただ、もう少し蓄積《ちくせき》しないと分かりませんけどね。

僧《そう》・忍性《にんしょう》との〝祈禱《きとう》合戦〟にまつわる真相

斎藤　日蓮聖人については、先ほど、いろいろな伝説が紹介《しょうかい》されましたが、もう一つ、宇宙と関係があるかもしれないものがあります。「日照《ひで》りのときに雨を降らす」という〝祈禱《きとう》合戦〟が、極楽寺《ごくらくじ》の良観房《りょうかんぼう》、別名、忍性《にんしょう》との間でありました。

大川隆法　うん、うん。

斎藤　その戦いを、日程を決めて行ったところ、「忍性のときには雨が一滴《いってき》も降らなかったのに、日蓮聖人がやったら急に雨が降った」という伝説もあります。

何か、天候を左右するとか、そういう「奇跡奇瑞《きせききずい》」譚《たん》などに関与《かんよ》しているものがあるのでしょうか。

大川隆法　ああ、これは、宗教ではよくあるものですね。弘法大師空海《こうぼうだいしくうかい》も、雨乞《あまご》いの儀式《ぎしき》をやっています。昔から、よく神通力《じんつうりき》比べとして、「雨を降らす」というものはありますよね。

忍性（1217 ～ 1303）　鎌倉時代の真言律宗の僧。多数の寺院や施薬院、道路、橋などの建設で、病人や貧民の救済を行った。幕府の北条時頼、北条重時に用いられた。

（瞑目《めいもく》し、手を軽く合わせながら）ええー、日蓮聖人よ……。

（約十八秒間の沈黙）

「今となっては、少し他宗排撃《はいげき》が厳しすぎたので、反省すべき点はあるんだけど、極楽寺の忍性というのが、やはり、幕府とかなり癒着《ゆちゃく》して、〝ゼネコン〟みたいになっていた（笑）。僧侶《そうりょ》の身でありながら、何か、〝建設省〟というか、〝国土交通省〟を兼《か》ねているようで、橋や道路やいろいろなものを修築するのに使われて、やっていた。

まあ、昔の行基菩薩《ぎょうきぼさつ》を気取ってやっていたらしいのだけども、多少、『名の上げ方』に、仏法真理《ぶっぽうしんり》的に見て、正当なものとそうでないものとが共存してい

●行基菩薩（668～749）　奈良時代の僧侶。灌漑や架橋等の社会事業に尽力。聖武天皇の命により、東大寺の大仏建立を主導した。

たように見えた。

もちろん、行基菩薩みたいにお寺を建てたり、橋をつくったり、道路をつくったりして、人々のために尽《つ》くすのも大事なことではあるんだけども、日蓮的に見たら、宗教はやっぱり『教義』が第一で、『教え』が第一義に来るべきであった。

そうした具体的な救済策として、政治がやるようなことを第一義にやるというのは、坊《ぼう》さんとしては、政治との中間で使われている面は、そうとうあることはありますね。

だから、見解の相違《そうい》はだいぶあったので、ちょっと対立関係にはあったところがあるんだ」ということは言っていますね。

（日蓮に）では、「雨降らし」は、いかがですか。

（約十八秒間の沈黙）

「雨降らしっていうのは、いくらでもできるんだ」と言っていますね。

斎藤　えっ？　法力《ほうりき》で、ですか？

大川隆法　「いや、法力じゃなくて……。やっぱり、これも、今〝流行《はや》り〟の話で申し訳ないけれども、UFO絡《がら》みです。UFOには、自分を隠《かく》すのに、周りに霧《きり》みたいなものをいっぱい出して、雲をつくってしまい、雲のなかに自分を隠す技術がある。インビジブルっていうのも、単に『透明《とうめい》になる技術』だけでなくて、『雲発生装置』というか、周りに人工の雲をいっぱいつくり出して、スポッと隠してしまう技術があるんです。その装置を使って雲を創出《そうしゅつ》すれば、雨を降らすことぐらいは可能なんだ」と言っていますね。

「だから、そのへんに念力《ねんりき》が通じれば、雨を降らすことは可能なんだ。本来、カラカラに焼けていたら、水分が蒸発《じょうはつ》しないため、雲ができるはずがなく、雨が降らない。だけど、そうした協力を得れば、まあ、今でも入道雲《にゅうどうぐも》をつくるぐらいの、何て言うか、雲の創出装置を持っているものは、いっぱいいる。いろいろなかたちの〝ＵＦＯ雲〟をいっぱいつくっているものがあるので、そちらのほうに祈願すれば降らせることはできたんだ。

まあ、昔から、飢饉《ききん》とか天変地異《てんぺんちい》とか、いろいろなときに、さまざまなかたちで人々を助けたりするような者はいたので、そのへんは友好関係の問題かな

雲発生装置で水蒸気を発生させて機体を隠すUFO。

と思っている」という言い方をしていますね。

「まあ、弘法大師の故事《こじ》もあったので、日蓮に何らかの『威神力《いじんりき》』を与《あた》えようと思って協力してくれたのであろう。ただ、地上にいる人間としては、そんなことはよく分からなかった。『この教えこそ正しい』と思って、一生懸命《いっしょうけんめい》、真剣《しんけん》にやっているので、『一心に願えば、仏がご加護《かご》を与え、また、日本霊界のさまざまな神々や、大菩薩たちも、力を与えてくれているものだ』というふうに思ってはいた」というようなことを言っています。

ＵＦＯが機体を隠すための技術の一つとして、周囲に人工の雲をつくり出すことができるという。これを応用すれば「雨降らし」のような奇跡を起こすこともありうる。（上：忍性との雨降らし合戦伝説を描いた歌川国芳画「高祖御一代略図　鎌倉霊山ヶ崎雨祈」／大英博物館蔵）

「ただ、自分としては、『天変地異とか、飢饉とか、日照りとか、そういうものは、やっぱり、政《まつりごと》が不十分なときに起きるものだ』という考え方を持っていた。『為政者《いせいしゃ》の考え方や、あるいは民《たみ》の心、要するに、世論《せろん》とかそういうものが間違《まちが》った方向に行っているときに起きるものだ』というふうに考えていたのだ」と言っていますね。

鎌倉《かまくら》時代にあった、日蓮《にちれん》と天照大神《あまてらすおおみかみ》との〝コラボレーション〟の関係

酒井　「竜《たつ》の口《くち》の法難《ほうなん》」の二年後に元寇《げんこう》があって、そこで「神風《かみかぜ》」が吹《ふ》いたはずなのですが、神風と関係があるかどうかについて、教えていただけますでしょうか。

大川隆法　「だから、つながっているんであって、神風は、もちろん単独で誰かがやったというものではないけど、中心は天照大神《あまてらすおおみかみ》なんです。天照大神様が神風を吹かせたっていうことは、伊勢神宮《いせじんぐう》でも、確固《かっこ》とした理由として、みんな認識しているので。

それで、伊勢神宮が、日本の中心に陣取《じんど》る、大きなものになって、国難を乗り切ったということで、すごく強い

二度の元寇では神風が吹いて元軍の船が沈んだ。その背景には国難を退けんとする伊勢神宮の力があった（右：伊勢神宮の主祭神・天照大神／左：蒙古襲来絵図「敵艦の覆滅」矢田一嘯〈本佛寺蔵〉）。

神様ということになる。『本来、勝てない戦いを、神風を吹かせて勝った』ということですね。元《げん》の十数万の軍勢を沈《しず》めてしまったわけなので。

そういう意味で、真言宗《しんごんしゅう》とか、その他、いろいろなところで祈願をしていたのですが、『実際に吹かせるのに、いちばん力があったのは、伊勢神宮での祈禱だ』ということは、みんな認識していた。それで、そのあと、伊勢神宮が、鎌倉《かまくら》時代に拡張されて、大きくなっていくことになる。

だから、日蓮《にちれん》の考えと、天照大神様の実際上の活動というのが、つながってはいるんだ。他宗排撃的にやっている宗教で、『南無妙法蓮華経《なむみょうほうれんげきょう》』の曼陀羅《まんだら》を描いているなかに、天照大神を一本入れているのは、日本の神様として、天照への信仰が、ちゃんと入っていたんだ」ということを言っていますね。

「あれは〝コラボ〟しているんだ」という言い方のようです。

酒井　はい。

それでは、以上とさせていただきます。本日は、まことにありがとうございました。

大川隆法　はい、ありがとうございました（手を一回叩《たた》く）。

斎藤　ありがとうございました。

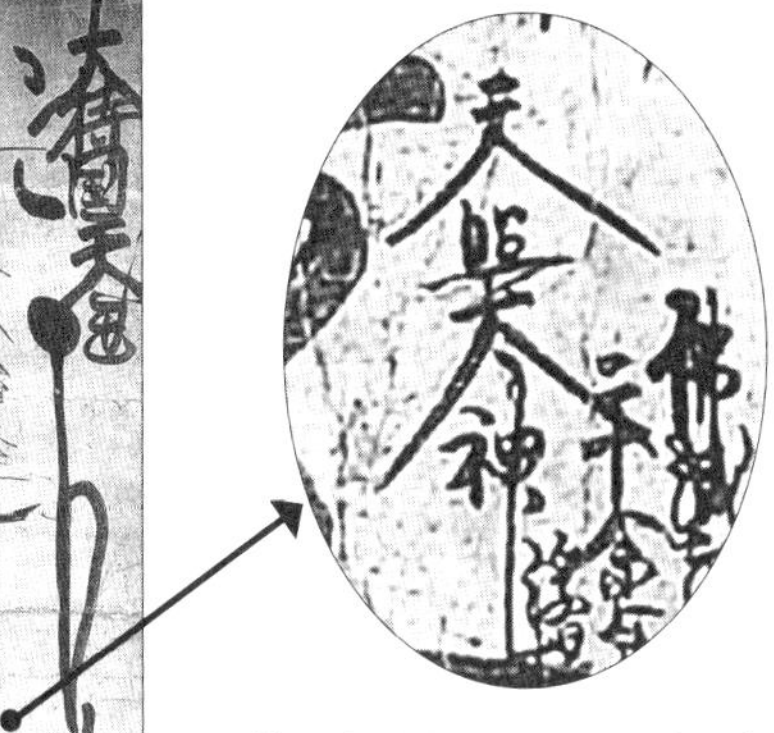

日蓮聖人が亡くなるときに掲げられたとされる大曼荼羅御本尊（臨滅度時の御本尊／妙本寺蔵）。曼荼羅のなかには「天照太《てんしょうだい》神《じん》（天照大神）」の御名も記されている。

大川隆法　また、もう少し明確なかたちで（日蓮を）お呼びできることになればいいかと思います。

酒井　そうですね。

8　映画「ＵＦＯ学園の秘密」で、日本を啓蒙《けいもう》していきたい

大川隆法　今、映画「ＵＦＯ学園の秘密」を上映していますが、私としては、もうひとつ、盛り上がりが足りないように感じています。

おそらく、幸福の科学のなかにいる人にとっては、ＤＶＤだとか、本だとか、いろいろなもので、すでに知っているような情報が入っているのでしょう。ただ、一般《いっぱん》の日本人が観《み》た場合はそうとうの〝落差〟があって、「ここまでは、ついていけないなあ」という感じがあるのではないでしょうか。そのへんが、

まだ、スーッと「ブーム」に乗れるところまでは行かない理由かなと思います。

やはり、日本人は、（映像に）「ＵＦＯが映《うつ》るか映らないか」というぐらいのところをいっているので、「ＵＦＯ後進国」という批判は当たっているわけです。

アメリカあたりの人が観れば、（映画「ＵＦＯ学園の秘密」は）「けっこう進んだところまで描いているな」という感じが分かるのですが、日本に〝フォーカス〟すると、進みすぎていて、「ちょっと、ついていけない」というようなところがあるのでしょう。

これは、当会が「国の政策」について意見を言ったとき、数年後とか、十年後とかに、そのとおりになってくるのと同じようなものです。〝ＵＦＯもの〟も、当会が言っていることが浸透《しんとう》するのには、ちょっと「時間の差」が出てくるのではないかと思います。

だから、あとからもう一回、勉強しなくてはいけなくなる可能性が非常に高いでしょう。（映画では）いろいろな星の内容まで入れていますので、たぶん、そこまで行かないんだろうと思うんですね。

日本人の考えとしては、「宇宙人が宇宙から来て、地球を攻撃《こうげき》するか、アブダクションする」というぐらいまでで止まっていて、それから先に

2015年9月26日、アメリカ・ロサンゼルスで行われたワールド・プレミア上映会でも大反響を呼んだ映画「UFO学園の秘密」。

は意識が行かないんだと思います。その〝ギャップの部分〟が、まだスーッとブームに乗りかねているところではないでしょうか。

要するに、これは、「文化的後《おく》れ」によるものなんです。だから、あまりマイナスに考えすぎず、「あと何年かすれば常識になってくるさ」と思って、そのへんを埋《う》めていかなくてはいけないのではないかと、私としては考えています。

酒井　はい。ありがとうございました。

あとがき

ＵＦＯに関心を持つ者は唯物論者にもいる。一方、霊界に関心を持つ者には唯物論者は少ない。しかし現実には、霊界に関心を持つ人々は、ＵＦＯにも好奇心を持つ比率が多いようだ。

私は数多くの霊言《れいげん》（約六百回）を収録、記録してきたが、この現在進行形の実験は、現実に、小説やＴＶの番組、映画などにも多くの影響を与えてきた。しかし、宇宙にルーツを持つ者の魂をリーディング（宇宙人リーディング）していくうちに、霊界と宏大な宇宙が交錯《こうさく》して、壮大な交響曲をかなでるようになってきた。これは、異次元旅行を探究しない限り、ＵＦＯの飛行原理も解明できないので、理屈の上でも当然の流れかもしれない。
批判は後世に任せることとして、大川隆法という不思議な人物（？）がこの世にある限り、恐れず秘密を解明していこうと思う。

二〇一五年　十月二十七日

幸福《こうふく》の科学《かがく》グループ創始者兼総裁《そうししゃけんそうさい》　大川隆法《おおかわりゅうほう》

『大川隆法の「鎌倉でのＵＦＯ招来体験」』大川隆法著作関連書籍

『黄金の法』（幸福の科学出版刊）
『宇宙人体験リーディング』（同右）
『日蓮を語る』（同右）
『地球を守る「宇宙連合」とは何か』（同右）
『公開霊言 山本七平の新・日本人論 現代日本を支配する「空気」の正体』（同右）
『公開霊言 ルターの語る「新しき宗教改革のビジョン」』（同右）

大川隆法《おおかわりゅうほう》の「鎌倉《かまくら》でのＵＦＯ招来体験《しょうらいたいけん》」
―日蓮を救《たす》けた「毬《まり》」のような「光りもの」の正体は？―

2015年10月29日　初版第1刷

著　者　大《おお》　川《かわ》　隆《りゅう》　法《ほう》

発行所　幸福の科学出版株式会社
〒107-0052 東京都港区赤坂2丁目10番14号
TEL(03)5573-7700
http://www.irhpress.co.jp/

印刷・製本　株式会社 東京研文社

落丁・乱丁本はおとりかえいたします

ISBN978-4-86395-734-3 C0014

写真：Dirk Beyer ／ TGM/PIXTA ／ takashi/PIXTA ／ shimanto/PIXTA ／ Bpilgrim
motodan/photolibrary ／極楽蜻蛉/PIXTA ／アフロ

大川隆法ベストセラーズ・宇宙時代の到来に向けて

宇宙人体験リーディング

「富」「癒し」「幸せ」を運ぶ宇宙からの訪問者

3人が体験した宇宙人接近遭遇には、友好的な宇宙人たちの存在が——。宇宙時代の扉が開かれつつある今、彼らが伝えたいメッセージとは?

1,400円

ザ・コンタクト

すでに始まっている「宇宙時代」の新常識

宇宙人との交流秘史から、アブダクションの目的、そして地球人の魂のルーツまで——。「UFO後進国ニッポン」の目を覚ます鍵がここに!

1,500円

THE FACT 異次元ファイル

大学生UFO遭遇事件の真相に迫る

UFOと遭遇した姉弟に次々と起こる不可解な現象を、4つの霊能力で徹底解明!「UFO後進国・日本」の常識を超える宇宙人の実態とは!?

1,400円

幸福の科学出版

この地球《ほし》は、宇宙に必要か？
あなたを待ち受ける、
衝撃の〝宇宙体験〟
ベガ、プレアデス、
ダークサイド・ムーン――
ついに、地球人《あなた》は「宇宙人の秘密」を目撃する！
大川隆法 製作総指揮
長編アニメーション映画
UFO学園の秘密
The Laws of The Universe Part 0
製作総指揮・原案／大川隆法
監督／今掛勇　脚本／「UFO 学園の秘密」シナリオプロジェクト　音楽／水澤有一
総合プロデューサー／本地川瑞祥 松本弘司
総作画監督・キャラクターデザイン／今掛 勇　キャラクターデザイン／佐藤 陵　須田正己　美術監督／渋谷幸弘
VFX クリエイティブディレクター／粟屋友美子
キャスト／逢坂良太　瀬戸麻沙美　柿原徹也　金元寿子　羽多野渉
銀河万丈　仲野裕　千菅春香　藤原貴弘　白熊寛嗣　二又一成　伊藤美紀　浪川大輔
アニメーション制作／ HS PICTURES STUDIO　幸福の科学出版作品
©2015 IRH Press　配給／日活　配給協力／東京テアトル
UFO学園　検索
10月10日、全国一斉ロードショー！

幸福の科学グループのご案内

宗教、教育、政治、出版などの活動を通じて、地球的ユートピアの実現を目指しています。

宗教法人　幸福の科学

一九八六年に立宗。一九九一年に宗教法人格を取得。信仰の対象は、地球系霊団の最高大霊、主エル・カンターレ。世界百カ国以上の国々に信者を持ち、全人類救済という尊い使命のもと、信者は、「愛」と「悟り」と「ユートピア建設」の教えの実践、伝道に励んでいます。

（二〇一五年十月現在）

愛

幸福の科学の「愛」とは、与える愛です。これは、仏教の慈悲《じひ》や布施《ふせ》の精神と同じことです。信者は、仏法真理をお伝えすることを通して、多くの方に幸福な人生を送っていただくための活動に励んでいます。

悟り

「悟り」とは、自らが仏の子であることを知るということです。教学《きょうがく》や精神統一によって心を磨き、智慧《ちえ》を得て悩みを解決すると共に、天使・菩薩《ぼさつ》の境地を目指し、より多くの人を救える力を身につけていきます。

ユートピア建設

私たち人間は、地上に理想世界を建設するという尊い使命を持って生まれてきています。社会の悪を押しとどめ、善を推し進めるために、信者はさまざまな活動に積極的に参加しています。

国内外の世界で貧困や災害、心の病で苦しんでいる人々に対しては、現地メンバーや支援団体と連携して、物心両面にわたり、あらゆる手段で手を差し伸べています。

年間約３万人の自殺者を減らすため、全国各地で街頭キャンペーンを展開しています。

公式サイト **www.withyou-hs.net**

ヘレン・ケラーを理想として活動する、ハンディキャップを持つ方とボランティアの会です。視聴覚障害者、肢体不自由な方々に仏法真理を学んでいただくための、さまざまなサポートをしています。

公式サイト **www.helen-hs.net**

INFORMATION

お近くの精舎・支部・拠点など、お問い合わせは、こちらまで！

幸福の科学サービスセンター

TEL. 03-5793-1727 (受付時間 火～金:10～20時／土・日・祝日:10～18時)

宗教法人 幸福の科学 公式サイト happy-science.jp

ハッピー・サイエンス・ユニバーシティ

Happy Science University

私たちは、理想的な教育を試みることによって、
本当に、「この国の未来を背負って立つ人材」を
送り出したいのです。

（大川隆法著『教育の使命』より）

ハッピー・サイエンス・ユニバーシティとは

ハッピー・サイエンス・ユニバーシティ（HSU）は、大川隆法総裁が設立された「現代の松下村塾」であり、「日本発の本格私学」です。
建学の精神として「幸福の探究と新文明の創造」を掲げ、チャレンジ精神にあふれ、新時代を切り拓く人材の輩出を目指します。

住所 〒299-4325 千葉県長生郡長生村一松丙 4427-1
TEL.0475-32-7770

学部のご案内

人間幸福学部

人間学を学び、新時代を切り拓くリーダーとなる

人間の本質と真実の幸福について深く探究し、
高い語学力や国際教養を身につけ、人類の幸福に貢献する
新時代のリーダーを目指します。

経営成功学部

企業や国家の繁栄を実現する、起業家精神あふれる人材となる

企業と社会を繁栄に導くビジネスリーダー・真理経営者や、
国家と世界の発展に貢献する
起業家精神あふれる人材を輩出します。

未来産業学部

新文明の源流を創造するチャレンジャーとなる

未来産業の基礎となる理系科目を幅広く修得し、
新たな産業を起こす創造力と起業家精神を磨き、
未来文明の源流を開拓します。

未来創造学部

2016年4月
開設予定

時代を変え、未来を創る主役となる

政治家やジャーナリスト、ライター、俳優・タレントなどのスター、
映画監督・脚本家などのクリエーターを目指し、国家や世界の発展、
幸福化に貢献できるマクロ的影響力を持った徳ある人材を育てます。

キャンパスは東京がメインとなり、2年制の短期特進課程も新設します
(4年制の1年次は千葉です)。2017年3月までは、赤坂「ユートピア
活動推進館」、2017年4月より東京都江東区(東西線東陽町駅近く)
の新校舎「HSU未来創造・東京キャンパス」がキャンパスとなります。

教育

学校法人 幸福の科学学園

学校法人 幸福の科学学園は、幸福の科学の教育理念のもとにつくられた教育機関です。人間にとって最も大切な宗教教育の導入を通じて精神性を高めながら、ユートピア建設に貢献する人材輩出を目指しています。

幸福の科学学園

中学校・高等学校(那須本校)
2010年4月開校・栃木県那須郡(男女共学・全寮制)
TEL **0287-75-7777**
公式サイト **happy-science.ac.jp**

関西中学校・高等学校(関西校)
2013年4月開校・滋賀県大津市(男女共学・寮及び通学)
TEL **077-573-7774**
公式サイト **kansai.happy-science.ac.jp**

ハッピー・サイエンス・ユニバーシティ(HSU)
TEL **0475-32-7770**

仏法真理塾「サクセスNo.1」 TEL **03-5750-0747**(東京本校)

小・中・高校生が、信仰教育を基礎にしながら、「勉強も『心の修行』」と考えて学んでいます。

不登校児支援スクール「ネバー・マインド」 TEL **03-5750-1741**
心の面からのアプローチを重視して、不登校の子供たちを支援しています。
また、障害児支援の**「ユー・アー・エンゼル!」運動**も行っています。

エンゼルプランV TEL **03-5750-0757**
幼少時からの心の教育を大切にして、信仰をベースにした幼児教育を行っています。

シニア・プラン21 TEL **03-6384-0778**
希望に満ちた生涯現役人生のために、年齢を問わず、多くの方が学んでいます。

NPO 活動支援

いじめから子供を守ろうネットワーク

学校からのいじめ追放を目指し、さまざまな社会提言をしています。また、各地でのシンポジウムや学校への啓発ポスター掲示等に取り組む一般財団法人「いじめから子供を守ろうネットワーク」を支援しています。

ブログ **blog.mamoro.org**
公式サイト **mamoro.org**
相談窓口 **TEL.03-5719-2170**

政治

幸福実現党

内《ない》憂《ゆう》外《がい》患《かん》の国難に立ち向かうべく、二〇〇九年五月に幸福実現党を立党しました。創立者である大川隆法党総裁の精神的指導のもと、宗教だけでは解決できない問題に取り組み、幸福を具体化するための力になっています。

党員の機関紙
「幸福実現NEWS」

TEL 03-6441-0754
公式サイト hr-party.jp

出版 メディア 事業

幸福の科学出版

大川隆法総裁の仏法真理の書を中心に、ビジネス、自己啓発、小説など、さまざまなジャンルの書籍・雑誌を出版しています。他にも、映画事業、文学・学術発展のための振興事業、テレビ・ラジオ番組の提供など、幸福の科学文化を広げる事業を行っています。

アー・ユー・ハッピー？
are-you-happy.com

ザ・リバティ
the-liberty.com

幸福の科学出版
TEL 03-5573-7700
公式サイト irhpress.co.jp

THE FACT

ザ・ファクト
マスコミが報道しない
「事実」を世界に伝える
ネット・オピニオン番組

Youtubeにて
随時好評配信中！

ザ・ファクト 検索